十三經注疏

十三經注疏

孝經注疏

[唐]李隆基 注
[宋]邢昺 疏
金良年 整理

上海古籍出版社

圖書在版編目(CIP)數據

孝經注疏/(唐)李隆基注；(宋)刑昺疏；金良年整理．—上海：上海古籍出版社，2009.4（2024.7重印）
（十三經注疏）
ISBN 978-7-5325-5129-3

Ⅰ.①孝…　Ⅱ.①李…　②刑…　③金…　Ⅲ.①家庭道德—中國—古代　②孝經—注釋　Ⅳ.①B823.1

中國版本圖書館CIP數據核字(2008)第193080號

本書出版得到國家古籍整理出版專項經費資助

十三經注疏
孝經注疏
[唐]李隆基　注
[宋]刑　昺　疏
金良年整理
上海古籍出版社出版發行
（上海市閔行區號景路159弄1-5號A座5F　郵政編碼201101）
(1) 網址：www.guji.com.cn
(2) E-mail：gujil@guji.com.cn
(3) 易文網網址：www.ewen.co
上海展强印刷有限公司印刷
開本 890×1240　1/32　印張 4.75　插頁 6　字數 142,000
2009年4月第1版　2024年7月第11次印刷
印數：9,651-10,250
ISBN 978-7-5325-5129-3

K·1177　平裝定價：24.00元

如發生質量問題，請與承印公司聯系
電話：021-66366565

十三經注疏整理本編纂委員會

十三經注疏整理本序

張豈之　周天游

十三經是儒學的基本典籍，是中華傳統文化中影響至深至遠的重要文獻之一。在中國古代，堪與十三經比肩的唯有二十四史。面對這兩大文化支柱，無論是諸子還是詩文，其中雖不乏角立特出者，甚或是叛逆者，却往往只能站在歷史舞臺的邊緣，難以撼動其中心的地位。

如果説二十四史是以記實爲本，縱貫古今，鑒往説來，宣彰資治，更多發揮的是實用的鏡鑒的作用，那末十三經則是整個封建社會的靈魂。自漢武帝接納董仲舒「罷黜百家，獨尊儒術」的建議，設立五經博士，立於學官之後，直至清代，經學一直是歷代統治者製定國策的理論依據，是士農工商各色人等齊家立身的行爲規範。不僅如此，十三經還被法典化，於是有了「春秋斷獄」，「禮」成了「禮法」，而且是法上之法。它更被神化、宗教化，於是儒學成爲國學、國教。它不但堂而皇之地被推廣到所有官私學校之中，又潛移默化地影響着包括目不識丁之人在内的社會不同階層的人們的思想與行爲。所以每當社會發生重大變革之際，總有人視其爲障礙，爲糟粕，必欲除之而後快；相反，也有人尊之爲聖典，爲良方，藉其足以安邦定國。時至今日，似依然如故。

從這一意義上講，不了解十三經，就不可能真正了解中國傳統文化，了解中國。特别是上世紀喊出「打倒孔家店」的口號之後，客觀上的確起到了振聾發聵、除舊迎新的作用，經學的地位開始一落千丈。然而正如在倒掉髒水的同時也倒掉了嬰兒一樣，十三經中的精華也同糟粕一道被棄置，殊爲可惜。更爲可怕的是，其中的許多糟粕并未得到真正的清理，又往往借尸還魂，死灰復燃，爲害社會。所以隨着時代的發展，人們對中華文化遺産更加珍視，開始呼唤讀經，呼唤科學的讀經，呼唤經學研究者在嚴謹的批判與借鑒中，讀懂十三經，使經學中的合理内核與有益營養，跟現代社會達到真正的和諧與交融，發揮它應有的作用。正是基於此，我們才萌生出整理出版新版十三經注疏的最初願望。

「經」本指經綫，是布帛等織物的綱，並引申出提綱絜領、傳之久遠的含義。於是作爲基本典籍常相傳授的書，便被稱作「經」。「經」本非儒家典籍所專有。最早被稱爲「經」的書是墨經，也就是墨子。墨子有經上、經下、經説上、經説下四篇。此外，管子、韓非子也稱爲「經」。儒家之書被稱作「經」，也始於戰國，那就是「六經」。莊子天運篇曰：「孔子謂老聃曰：『丘治詩、書、禮、樂、易、春秋六經，自以爲久矣。』」又天下篇曰：「詩以道志，書以道事，禮以道行，樂以道和，易以道陰陽，春秋以道名分。其數散於天下而設於中國者，百家之學時或稱而道之。」湖北荆州郭店所出竹簡中所記「六經」經名與順序，證莊子所言不虚。這「六經」的順序保持到西漢前期。(一)

「六經」是夏商周三代禮制文明的結晶，大體成型於周代。春秋戰國時期，禮崩樂壞，上下陵替。隨着周王室的衰敗，「六經」也失去往日的榮耀，被棄之不用。而諸子百家乘勢而起，爲新興的貴族出謀劃策，變法圖强。孔子尊崇周制，潛心整理「六經」，試圖恢復周禮所提倡的等級秩序，以平息紛争，因逆潮流而動，便到處碰壁，甚至陷入「惶惶若喪家之犬」的境地。當時，儒學並非顯學，「六經」也不神聖。秦并六國，天下歸一。秦始皇以法立國，一度焚書坑儒，儒家又遭沉重打擊。幸賴秦博士所藏及民間所匿，於漢初衆經才得以復出，而樂經已亡，僅餘「五經」。漢武帝之時，國力達於極盛，新的統治秩序得以鞏固，赤裸裸的法治或清静無爲的黄老之學無法滿足新秩序的需要，從此神學化的儒學脱穎而出，登上獨尊的國教地位。兩漢之際，「六經」順序有了微妙變化。漢書藝文志中六藝略所刊爲：易、書、詩、禮、樂、春秋。這順序沿用至今。而之所以有此改變，可能與劉向、劉歆當年整理文獻排列諸經成書年代次序有關。東漢時，加入了論語、孝經，除去已佚的樂經爲「七經」。唐時有「九經」之説，未見確論。據晁公武郡齋讀書志所言，至唐文宗太和年間(八二七—八三五)刻「十二經」，立石國學」。這「十二經」有了實指，即易、書、詩、周禮、儀禮、禮記、春秋左氏傳、公羊傳、穀梁傳、論語、孝經、爾雅。到了宋代，經朱熹等理學家的推崇提倡，孟子進入「經」的行列，於是「十三經」始全。

十三經的成書年代，至今争論不休。然而易經、尚書形成於西周；詩經始於西周而成於春秋；儀禮、周禮、禮記基本編定於東周，漢代有所變更；左傳、論語、孟子、爾雅成書於戰國；孝經古本完成於戰國，而改定於漢初；公羊傳、穀梁傳寫定於漢代，基本内容源出於孔子弟子之説，還是大體可信的。

中國經學的研究，從漢初算起，至今已有二千二百年之久。西漢時期，今文經學控制學壇。王莽代漢，古文經學抬頭。進入東漢，更一發不可收拾，經馬融、鄭玄等大家的推動，經今古文合流，但古文經處於上風。魏晉學術爲之一變，玄學成爲顯學。而到了唐代，漢學重新流行，並以古文經爲基礎。宋時疑古之風大盛，理學一統天下，至明而不墜。清代則提倡樸學，輕虛言，重實證，追本溯源，漢學由是復興，經學研究也達到頂峰。那時相關著作，接踵問世，如納蘭性德匯刻之通志堂經解、阮元輯刻之皇清經解、王先謙輯印之皇清經解續編，動輒收書數百種，總卷帙超千卷，其他專著則數不勝數。當然影響最大、流傳最廣且久的，仍當推阮元主持修訂的十三經注疏。

阮元字伯元，號芸臺，江蘇儀徵人。乾隆五十四年（一七八九）進士，歷任翰林院編修，浙江、河南、江西巡撫，湖廣、兩廣、雲貴總督，太子少保，體仁閣大學士。道光二十九年（一八四九）卒，享年八十六歲，謚文達。據清史稿阮元傳所載，「元博學淹通，早被知遇，勅編石渠寶笈，校勘石經。再入翰林，創編國史儒林、文苑傳。至爲浙江巡撫，始手成之。集四庫未收書一百七十二種，撰提要。」又曰：「歷官所至，振興文教。在浙江立詁經精舍」，「在粵立學海堂」。「撰十三經校勘記、經籍籑詁、皇清經解百八十餘種，專宗漢學，治經者奉爲科律。」

阮元重刊宋本十三經注疏，始於嘉慶二十年（一八一五），刊成於二十一年（一八一六），可謂神速。不過其準備工作則在嘉慶四年（一七九九），在浙江創辦詁經精舍之時，當時他糾集段懋堂、何元錫、顧千里、徐新田、臧在東、孫雨人、李尚之、嚴厚民等知名學者，分撰十三經校勘記，奠定深厚基礎，所以新本一出，倍受歡迎，享譽至今。

阮刻本雖稱善本，却並非無懈可擊，其存在問題概括起來有以下四點：

一、選用底本不當。阮刻本以「重刻宋本」爲名，實際所用乃元刻明修之南雍本，此本雖原出宋季建刻附音本，遞經修補，續有糾謬，然轉相承訛之處多有，阮校因之失誤之例甚多，因此，實非整理首選。相反，始於南宋初年浙東茶鹽司刻本之周易、尚書、周禮三種，繼以紹熙中黄唐刻毛詩、禮記二種，因半葉八行，故稱八行本。而經注及義疏合刻始於是本，書名題有「注疏」之稱，亦始於是本，勘刻之精審遠在十行本之上。以周禮、禮記爲例，因十行本錯而八行本不誤，阮刻校勘記可以不出者，大約在三分之一以上。

二、分卷無例。如尚書依正義作二十卷，儀禮依正義作五十卷，而周易則依經注本作九卷，與正義作十六卷異。又毛詩也依經注本作二十卷，却非正義作四十卷之舊。或依或違，所爲無定，遂使唐宋義疏原卷不可得以詳。

三、主事者意見不合，各執己見，勢同水火，正確建議未能採納，而致謬種流傳。如顧千里與段懋堂之爭，事涉臧在東、何元錫二人，以至顧氏出走，爲張古餘刻儀禮注疏，以成己志。

四、急於呈送，校對未精。因阮元陞任兩廣總督，江西之盧宣旬以「創始者樂於觀成，板甫就，急思印本呈制軍，以慰其遺澤西江之意。局中襄事者未及細校，故書一出，頗有淮風別雨之訛」。〔三〕

有鑒於此，西北大學與上海古籍出版社共同發起，於一九九二年成立了新版十三經注疏整理本的編纂委員會。編委會草擬了有關的方案與體例，並約請國内十餘名中青年才俊，參預點校整理工作。各經均追本溯源，詳加考校，或採用宋八行本爲底本，或以宋早期單注、單疏本重新拼接，或取晚出佳本爲底本，在盡量恢復宋本原貌的基礎上，整理出一套新的整理本，來彌補阮刻本的不足，以期對經學研究、對中國傳統文化研究能起到推動作用，滿足廣大讀者的需要。但由於種種原因，有關工作遷延至今，這是我們深爲遺憾之處。

又當代缺乏經學大家，是客觀事實。今預役諸君各有特長，成果頗豐，但均有先天不足，不當之處，在所難免，望博雅君子，不吝賜教。

本項工作一直得到國家古籍整理出版規劃領導小組、全國高校古籍整理工作委員會以及上海古籍出版社的大力支持與幫助，在此一併致以誠摯的謝意。

二〇〇七年十一月

二〇〇八年八月修訂

〔一〕參閱蔣伯潛十三經概論、楊伯峻經書淺談導言、周予同經學歷史序言、李學勤經史總説，下同，恕不一一注明。

〔二〕見朱華臨重校宋本十三經注疏跋，載影印本十三經注疏第四頁，中華書局一九八〇年版。又參閱汪紹楹阮氏重刻宋本十三經注疏考，載文史第三輯。

校點前言

根據此次十三經注疏整理的要求，其目標是最大限度恢復經籍注疏舊貌。這個目標的設定，對於整理工作無疑具有重要指導意義，因爲十三經中幾乎每一部都在經學史上有相當多的論辯問題，整理工作不可能畢其功於一役。清代阮元對十三經注疏做過一次全面的整理工作，其成果廣爲人知，其實，這僅僅是清理經籍的第一步工作，誠如當時學者所言，十三經的經、注、疏都需要單獨整理，因爲這些文本都各有自己的問題，而這些問題並非由注疏整理所能全部解決。孝經注疏的整理，當然也遵循上述整理目標，只解決注疏文本本身及其相關的問題，而把其他問題留給另外的單獨整理工作去完成，這是首先必須要説明的。

注疏源流

孝經是十三經中篇幅最短的一部經，然而正如周予同先生所説：「其在經學上論難之繁，亦不亞於他經。」（朱熹第四章朱熹之經學，載周予同經學史論著選集）

孝經以孔子與其門人曾參談話的形式，全面闡述儒家孝道。一般認爲，孝經成書於戰國時期，因爲「蔡邕明堂論引魏文侯孝經傳，吕覽審微篇亦引孝經諸侯章」（四庫全書總目卷三二），且其每章結尾處引詩、書爲立説依據，也與當時荀況與思孟學派著述風格相近。其作者則説法不一，漢書藝文志稱「孝經者孔子爲曾子陳孝道也」，或有因涉及曾參而以著作權歸於曾門後學者，皆流傳一時而終未能使後人無疑義，遂致異説疊出，甚有以之爲僞者。四庫全書總目謂「今觀其文去二戴所録爲近，要爲七十子徒之遺書。使河間獻王採入一百三十一篇中，則亦禮記之一篇，與儒行、緇衣轉從其類。惟其各出別行，稱孔子所作，傳録者又分章標目，自名一經，後儒遂以不類繫辭、論語繩之，亦有由矣」（卷三二），較爲近實，堪稱定論。

現在通行的孝經注疏，是由唐玄宗注和宋邢昺疏所組成。唐以前，孝經流行的注有今文系統的鄭氏注（相傳爲東漢經學大師鄭玄所注）和古文系統的孔傳（相傳出於西漢孔安國之手）。「安國之本亡于梁亂，陳及周、齊唯傳鄭氏。至隋，秘書監王劭於京師訪得孔傳，送至河間劉炫，炫因序其得喪，述其議疏，講於人間，漸聞朝廷，後遂著令，與鄭氏並立」（隋書經籍志）。到了唐代，隨着政治上的統一，經學上的學派紛争也亟待「定於一尊」。先是有五經正義之纂，至玄宗時，以「孝經者德教所先」，「諸家所傳互有得失，獨據一説能無短長」，下令儒官「詳定所長，令明經者習讀」（唐會要卷七七）。國子祭酒司馬貞主今文，而左庶子劉知幾主古文，争論的結果是鄭氏注「依舊行用」，孔傳則因「傳習者稀，宜存繼絶之典，頗加奬飾」（同上），但朝廷偏右今文的意向已經表露無疑。至開元十年（七二二）遂有玄宗的「御注」頒行天下。玄宗注以十八章的今文本爲文本，雖號稱「舉六家之異同，會五經之旨趣」，但以鄭氏注爲主，「今文之立，自玄宗此注始」（四庫全書總目卷三二）。至天寶二年（七四三），玄宗又重注孝經頒行（唐會要卷三六）。據現有的資料，重注本與初注本的差别並不很大，當時爲什麽要重新頒行一次，現在還不清楚。不過，初注本是由左散騎常侍元行沖作序，而重注本的序則由玄宗「御製」。天寶四年（七四五），由玄宗親自書寫的「御注」全文刻石於太學，世稱「石臺孝經」。玄宗注在融合今、古文的基礎上統一了孝經自魏晉以來鄭、孔争長的局面，此後「御注」流行而鄭、孔兩家逐漸消亡，以至後來連完整的鄭、孔注本都難以尋覓。

當玄宗初注孝經時，就命元行沖爲注本作疏，據舊唐書經籍志，元疏爲三卷，後來注經重修，疏亦當隨之修訂。到了北宋初年胄監重校經籍，除沿襲唐人舊作配齊三禮、三傳疏之外，還要求補充孝經、論語、爾雅三經之疏，「咸平三年三月癸巳命祭酒邢昺代領其事，……孝經取元行沖疏，論語取梁皇侃疏，爾雅取孫炎、高璉疏約而修之。四年九月丁亥以獻，賜宴國子監，進秩有差，十月九日命杭州刻板」（玉海卷四一）。也就是説，我們現在所見到的邢昺孝經正義乃是「據元氏本增損」成書（直齋書録解題卷三），並非全部新修，所以卷首的署名是「邢昺等奉勅校定注疏」，而新疏的序中也講明是「剪截元疏，旁引諸書，分義錯經，會合歸趣，一依講説，次第解釋」。四庫全書總目謂：「宋咸平中邢昺所修之疏即據行沖書爲藍本，然孰爲舊文，孰爲新説，今已不可辨别矣。」（卷三二）

元疏爲三卷，據其重修的邢疏也是三卷，而孝經的注疏合刻本則釐分爲九卷。經籍的注疏合刻濫觴於南宋，以越刊八行本爲最早，但迄今未見有孝經注疏的八行本著録與傳世。島田翰皕宋樓藏書源流考並購獲本末稱陸氏藏書中有「宋會本十三經注疏」，其中有孝經注疏九卷，半頁十行，「不附釋音」，「宋嘉定庚辰（十三年，一二二〇）同時刷印于建安」。按宋季建刻十行本附音釋者，岳氏九經三傳沿革例亦稱之爲「建本有音釋注疏」，謂：「監、蜀諸本皆無句讀，惟建本始倣館閣校書式，從旁加圈點，開卷瞭然，於學者爲便，然亦但句讀經文而已。」據此，加句讀、釋音的合刻本較爲後出。我們現在能看到的所謂泰定本孝經注疏正是半頁十行（大字行約十七字，小字雙行，行約二十三字），且「不附釋音」、不加句讀，再加上所避者均爲宋諱（其避諱至「眘」、「惇」，則其刊成不早於光宗朝，唯避諱不甚嚴格，蓋因非官刊及後來有補版之故），因此它的版刻譜系應是島田翰所説的南宋建本，尚存宋時舊式，只是後來在元泰定年間有補版而已。這個建刻十行本，後來「疊經坊肆翻刻，而明閩中李元陽刻本、萬曆北監本、汲古閣毛氏本注疏，皆輾轉相承，故爲閩、監、毛各本之祖。板于明世入南雍，故稱『南雍本』或『南監本』，其板至明末猶存。正德以後遞有修補，故或稱『正德本』」（汪紹楹阮氏重刻宋本十三經注疏考，載文史第三輯）。阮元整理孝經注疏所用的底本，正是正德本。

底本選擇

整理經籍注疏，阮元整理本（以下簡稱「阮本」）是必須要涉及的。因此，在本次整理選擇底本時，當然首先考慮是否採用阮本。但經過仔細對比研究後，感到阮本並不理想，其原因如次。

第一，既然採用阮本，則阮本的校勘應盡可能容納，然而阮校頗繁瑣，孫詒讓在周禮正義凡例中曾批評其「俗本訛文塵穢簡牘，非例也」。當然，阮本校勘之繁瑣自有其道理。因爲當時經籍懸爲功令，爲士子所必讀，而社會上流傳的版本尚多，更有官校的殿本在前，所以其校勘記不得不連自己底本不誤而其他底本誤的地方也一一指出，「恐不察者習見彼本，反以此本不誤者爲誤也」（阮福孝經義疏補卷首)。但無論如何這一點對於現在讀者來説已經不必。

第二，阮校取用他人成果有疏漏。浦鏜的孝經正誤，是阮校的重要參校資料之一，阮氏對正誤不甚滿意，在其校記開始遇到的一個正誤誤判的例子中就發議論説：「浦鏜書不盡足據，此類是也。」筆者也認爲，阮氏的話並非没有道理，但阮氏在選擇正誤成果時卻有疏漏。例如，注疏卷一天子章第二「甫刑云『一人有慶，兆民賴之』」，注「慶，善也」，疏「云『慶，善也』，書傳通也」。包括阮本在内的各本均如此，正誤則謂：「『通』下當脱『訓』字。」根據疏的行文用詞例，顯然正誤的説法是對的，而且這個字屬於必補之列，然而現在的校勘記中卻偏偏遺漏了這個成果。如此一來，阮校採納正誤的可靠性和準確性就産生問題了。

第三，阮本在刻板過程中錯字頗多。例如，玄宗孝經序「故魯史春秋，學開五傳」疏謂「『學開五傳』者，謂各專己學」，阮本「各」字誤作「名」；「其鄒、夾二家，鄒氏無師，夾氏未有書」，阮本「二家」之「家」誤作「義」(經查，阮氏列入的參校本中這兩處都不誤，且阮氏在這兩個明顯有誤的地方都没有出校，所以判定它們爲阮本刊刻訛誤)。類似的例子在阮本中還有多處。

阮本的上述闕失，其實阮元自己也知道，雷塘庵主弟子記卷五嘉慶二十一年秋「刻宋本十三經注疏成」條下注云：「此書尚未刻校完竣，大人即奉命移撫河南。校書之人不能如大人在江西時細心，其中錯字甚多，有監本、毛本不錯而今反錯者，……校勘記去取亦不盡善，故大人不以此刻本爲善也。」基於存在以上這幾個方面的問題，阮本並不是一個理想的整理底本，儘管這些問題通過本校或他校未必就不能彌補。

否定阮本之後，比較理想的選擇是所謂的泰定本。據前面所説，它是阮本及其參校本的祖本，也是現存孝經注疏合刻本中刊刻年代最早的本子。年代最早當然不是選擇的唯一理由，但它和其他的本子基本是相互傳承的關係，有些訛誤可以據以上溯原始面貌。例如，注疏卷五聖治章第九「雖得之，君子不貴也」，注「言悖其德禮，雖得志於人上，君子之不貴也」，疏：「云『雖得志於人上，君子之不貴也』者，言君行如此，是雖得志於臣人之上，幸免篡逐之禍，亦聖人、君子之所不貴，言賤惡之也。」其中的「君行如此」，在後來的版本中訛爲「君子如此」，正誤判斷爲「人君」之誤。從道理上説，正誤的判斷没錯，但實際的文字並非如此，這當然也是理校可能會産生的失誤。也正因爲如此，阮校肯定了正誤的判斷，假如阮校依據的是泰定本，恐怕就不會採納正誤的説法了。又如注疏卷六廣要道章第十二「安上治民莫善於禮」，注「禮所以正君臣、父子之别，明男女、長幼之序，故可以安上化下也」，疏：「云『故可以安上化下也』者，釋『安上治民』也。制旨曰：禮殊事而合敬，樂異文而同愛。……」其中的「制旨曰」，在後來的版本中訛爲「制百口」，閩本以下因爲「制百口」不通，而制旨開頭又引了禮記樂記中的一句話，遂改作「樂記云」（阮校在此比較謹慎，没有判斷而僅出異同校）。這樣一來，抹掉了「制旨曰」且不説，在施加新式標點時就會把「樂異文而同愛」以下一段原屬於制旨的話錯判給了疏。假如有泰定本爲依據，這樣的訛誤就不會出。阮元其實是知道這個泰定本的，他在孝經注疏校勘記序中評論正德本時説：「經文下載注不標『注』字，正義冠大『疏』字於上，每葉之末上題篇識，皆元泰定間刊本舊式。」他在春秋左傳注疏校勘記中談到直接繼承泰定本的閩本時説：「其佳處多與附釋音本相合，有監本、毛本脱錯而此本不誤，較監、毛爲優云。」所以儘管它本身並非盡善，但作爲整理底本應該是合適的。

於此，筆者對前人所謂「校書如掃落葉，旋掃旋生」又有了一番新的認識。過去只是把它作爲主觀上可能産生的錯誤，其實，古代的刻書即使完全無訛，但由於是刻在木板上，多次刷印後必然會造成點畫的闕失，魯魚之訛在客觀上是隨時都會有的。

參校資料

此次整理，除了阮校開列的版本和參考資料外，主要還增加了以下幾種。

開元十年唐玄宗孝經注本 自天寶重注本頒行且刻石，開元初注本隨之逐漸泯没。清末楊守敬訪書東瀛，居然發現了這個注本的日本鈔本，遂覆刻入古逸叢書。楊守敬謂：「此書與石臺重注本頗有更改，固不可以此本校重注本，然亦有足證重注本之異同者。」（日本訪書志卷一）楊説甚是。例如注疏卷三三才章第七「導之以禮樂而民和睦」，注「禮以檢其迹，樂以正其心，則和睦矣。」察其前後文之「而民興行」、「而民不争」、「而民知禁」，注皆以「則人」如何釋之（「人」即「民」，因避諱而易稱），則此處不當無「人」，然無論是單注本還是注疏本都闕如，而在初注本中這裡的「則」下明明有「人」字，估計是石臺本鈔寫時偶脱。

古文孝經孔傳 自玄宗注出，隋以來流傳的古文孝經孔傳本漸散逸，現在所能見到的古文孔傳本，是清中期從日本傳鈔回來的太宰純注音本，經鮑廷博翻刻並鈔入四庫全書。據馬雍宋范祖禹書古文孝經石刻校釋謂，宋內府尚藏有古文孝經的白文本，司馬光、范祖禹曾據以作注釋（今所傳司馬光古文孝經指解是司馬光、范祖禹兩家與玄宗注的合編本），今傳范祖禹書寫刻石的古文孝經本流傳有緒，「可稱唯一最早之古文本」，堪供採納。范刻留存於四川大足縣北山，其實早在王象之的輿地碑記目卷四的昌州碑記中就有記載，後來雖斷斷續續有人提起，但始終没有録文以傳，至一九四五年原刻石被重新發現，馬雍遂據拓本加以研究。玄宗注雖取今文十八章本爲主，然説解兼取諸家，其中也包括孔傳（張玉書在與張秋紹論孝經書中亦謂「明皇亦合孔、鄭兼行」），因此校勘亦當參及古文本。例如，在玄宗孝經序的題疏中引及司馬貞駁議，其中有古文本閨門章中的「閨門之内具禮矣」一句，按司馬貞的駁議分别見於唐會要卷七七、文苑英華卷七六六、册府元龜卷六〇四，阮校採用了唐會要和文苑英華參校，而没有用到更值得參考的册府元龜，他在校記中説：「唐會要、文苑英華『矣』下有『乎』字。」因爲未參用古文本，所以無法判斷。查册府元龜和古文石刻本、太宰純本此句末均有「乎」字，當據補。阮元是不相信孔傳的，他在孝經注疏校勘記序中説：「孔注今不傳，近出於日本國者誕妄不可據。」阮氏不使用孔傳參校，因此留下了一些本可避免的失誤。例如，注疏卷七諫争章第十五「大夫有争臣三人，雖無道不失其家」，疏：「大夫三者，孔傳指家相、室老、側室，以充三人之數，……」阮氏在此無校語，他的兒子阮福在孝經義疏補中據盧文弨校本把「室老」改爲「宗老」，但没有説明理由。其實盧文弨校改的依據，正是阮元認爲「近出於日本國者誕妄不可據」的太宰純注音本孔傳（盧文弨認爲日本傳回的孔傳基本可信，見其爲鮑刻本孔傳所撰的序，載抱經堂文集卷二）。按儀禮喪服「公卿大夫室老士貴臣，其餘皆衆臣也」，鄭注云：「室老，家相也。」室老既然就是家相，就不當與家相並列，而國語魯語下「文伯之母欲室文伯，饗其宗老」，韋注：「家臣稱『老』。宗，宗人主禮樂者也。」吳浩十三經義疑謂：「宗人之名通於上下，魯語『文伯之母欲室文伯，饗其宗老』，韋昭注：『宗，宗人。』晉語『范文子謂其宗祝』，韋昭注亦曰：『宗，宗人。』此卿大夫之宗人也。」則作「宗老」是。誠如于鬯所云：「我于日本本、孔本不敢謂其不出於僞，顧其可取者實多，不敢謂其全僞也。」（香草校書卷五一）

殿本孝經注疏　在阮元之前，官方對十三經注疏已經做過一次全面的整理，即所謂殿本注疏。當時因爲版本學還没有如後來那麽講究，連經籍注、疏原來是别行的事實都還没有搞清楚，所以整理工作自不及阮元那樣深入，所以自阮本出來之後，殿本就不大受重視。其實，包括孝經注疏在内的官方十三經、二十四史整理本，在當時的條件下確實做了一些力所能及的勘誤工作，只是因爲以他校和理校爲主，所以有些校改的文字，從道理上説得通，但實際的文字卻未必如此。實際上，在注疏諸本中，殿本有一些其他本子所没有的校改資料值得參考。例如，玄宗孝經序題疏「審考經言，詳稽炫釋，貴藏理於古而獨得之於今者與」，其中的「貴」字各本均同，惟殿本校改爲「實」，仔細推敲，以「實」爲是，阮元在此未出校，阮福的孝經義疏補卻採納了這個校改。又如玄宗孝經序「陸澄譏康成之注」，疏：「蕭子顯齊書曰：陸澄字彦淵，吴郡吴人也。少學博覽，無不知。」殿本根據南齊書本傳在「少」

下補以「好」字，阮元在此不補，亦未出校，孝經義疏補也採納了這個校改。由此，殿本孝經注疏是值得注意的材料，只是它的校改是否妥當，還需參考其他資料來確定。

此外，對於阮校已採用的資料還需作一些補充説明。

浦鏜孝經正誤　即四庫全書著録的沈廷芳十三經注疏正字卷七五孝經部分，盧文弨謂此書實出浦鏜所訂，「仁和沈萩園先生廷芳覆加審定，録而藏之，其子南雷禮部世煒上之四庫館」（十三經注疏正字跋，載抱經堂文集卷八）。四庫全書總目云：「是書所舉或漏或拘，尚未能毫髮無憾，然參稽衆本，考驗六書，訂刊板之舛譌，祛經生之疑似。注疏有功於聖經，此書更有功於注疏，較諸訓詁未明而自謂能窮義理者，固有虛談實際之分矣。」（卷三三）僅就其中的孝經部分來看，浦鏜所做的工作主要有兩個方面，一是核對注疏引文，指出與今本不同處；一是根據注疏的體例和文義，用理校的方法提出疑問。其所列出的引文問題，盧文弨曾有這樣的理解：「此則令讀者得以參考而已，非謂所引必當盡依本文也。蓋引用他書，有不得不少加增損者。或彼處是古字，或先儒之義定從某字，若一依本文，轉使學者讀之不能驟曉，則莫若即用字義之顯然者爲得矣。」（同上）其説甚是。阮校在這一方面採納正誤，大都以其爲線索而自己重新判斷，因此有時亦不再引據正誤。至於理校的成果，阮氏採納不多。如前所述，理校有其長處，但也存在局限，阮氏批評浦鏜在這方面有失誤，也是事實，例如玄宗孝經序題疏中稱「夫子運偶陵遲」，浦鏜認爲「運偶」是「運際」之誤，其實「運偶」是唐、宋時常語，唐修晉書劉曜載記的「史臣曰」中有「曜則天資虓勇，運偶時艱」，舊唐書褚遂良傳稱「遂良運偶昇平，道昭前烈」，晁補之上皇帝書中亦謂「以今天下言之，運偶聖人，時在千一」（雞肋集卷二四），可見浦鏜的判斷有些問題。對於我們來説，關鍵在於如何選擇使用其正確的成果。阮元雖然使用了一些正誤的資料，但因爲發現他在抉擇去取時有遺漏，所以此次根據四庫本十三經注疏正字進行了全面覆核。

石臺孝經　天寶四年刻石的石臺孝經基本完整地流傳到今天，使得玄宗注的校勘有可靠的依據，但石臺孝經雖然刻成於當時，卻仍然有其局限性，不能不加分析地完全以其爲準。其局限主要表現在兩個方面。其一，石臺孝經由玄宗親自書寫，它不僅是經籍的文本，同時還是一件書法作品。正因爲還是書法作品，所以其中的有些文字根據書法的要求作了更動（如「享」寫作「亨」，又如孝經序中「朕嘗三復斯言」之「嘗」，石臺本作「常」，亦屬此類），遇有這類異文需要仔細辨析。其二，石臺孝經在鈔寫中還存在脱誤。例如，注疏卷五聖治章第九「是以四海之内各以其職來祭」，注「君行嚴配之禮，則德教刑於四海，海内諸侯各修其職來助祭也」，疏：「尊父祖以配天，崇孝享以致敬，是以四海之内有土之君各以其職貢來助祭也。」據此判斷，經文「是以四海之内各以其職來祭」中脱了一個「助」字，但石臺本卻明明没有「助」字。阮校云：「禮記禮器正義、公羊僖十五年疏、後漢書班彪傳下注引並作『各以其職來助祭』，注云『各修其職來助祭也』，是經文本有『助』字，石臺本脱，諸本仍之。」又如，注疏卷八應感章第十六「天地明察，神明彰矣」，注：「事天地能明察，則神感至誠而降福祐，故曰彰也」，疏：「書云『至誠感神』，又瑞應圖曰『聖人能順天地，則天降膏露，地出醴泉』，詩云『降福穰穰』，易曰『自天祐之，吉，無不利』，注約諸文以釋之也。案此則『神感至誠』當爲『至誠』，今定本作『至誠』，字之誤也。」王昶在金石萃編卷八七中列舉石臺本的文字訛誤後指出：「當由信筆偶譌，未及勘對輒勒於石，不得以之校經者也。」由此可見，石臺本亦不可盲從。

引文處理

在經籍注疏中引文數量甚多，既有標注出處的明引，也有不標出處的暗引。引文的處理，是本次整理工作中的一大難點。其難處主要有以下四個方面：

其一，這些引文都是在唐、宋時根據當時的本子節鈔，因此它們本身具有校勘價值，一般不能簡單地用今本來校改其異文。注疏卷二中就有一個絶好的例子，士章第五「忠順不失，以事其上，然後能保其禄位而守其祭祀」，注「能盡忠順以事君長，則常安禄位、永守祭祀」，疏：「謂能盡忠順以事君長，則能保其禄位也。『禄』謂廪食，『位』謂爵位。廣雅曰：『位，涖也。』涖下爲位。」在今本廣雅卷五釋言中，這句引文作「位，涖禄也」，正誤據以謂：「『涖』下廣雅有『禄』字。」阮校云：「案浦鏜所據乃俗本，不知位、涖取同聲之字爲訓，王念孫廣雅疏證云：『各本「涖」下脱去「也」字，遂與下條合而爲一，孝經正義可據也。』」

其二，有的引文，其所出之原書已經不存在，無從校起。

其三，古人引書不像後來那樣嚴格，逐字逐句照録者亦有，但節略、意引的例子更多，誠如盧文弨所言：「蓋引用他書，有不得不少加增損者。或彼處是古字，或先儒之義定從某字，若一依本文，轉使學者讀之不能驟曉，則莫若即用字義之顯然者爲得矣。」所以在校勘中不能也不必要求引文字字對應，則判斷的功夫很重要，否則將會以不誤爲誤。

其四，有的引文確有錯誤，但它本來也是輾轉鈔來的，錯誤不在此而在彼。例如，玄宗孝經序「故魯史春秋，學開五傳」，疏「『五傳』者，案漢書藝文志云：左氏傳三十卷，左丘明，魯太史也。公羊傳十一卷，公羊子，齊人，名高，受經於子夏。穀梁傳十一卷，名赤，魯人，……」，阮校認爲「穀梁傳十一卷，名赤，魯人」句中，「『卷』下當作『穀梁子，魯人，名赤』」，方與前面公羊傳的行文協調，然疏中「案漢書藝文志云」以下的文字乃是以藝文志之書名、卷數與經典釋文注解傳述人之春秋相關文字拼合成文，釋文此項自作「名赤，魯人」，故阮説非，此處不必校改。

因此，此次整理對引文的處理有以下幾點説明。

一、注疏中的本經、注引文訛誤，有的是經、注本文正確，而有的則是注、疏的引文可信。判斷的標準除了是非之外，還要顧及疏的文本。如前所述，本次整理的目標是最大限度地恢復經籍注疏本的舊貌。在經、注、疏中，疏最爲晚出，疏的引文如有錯誤，有的可能是作疏者所據的經、注如此，假如校改掉了，疏也許有可能没有着落了，遇有這類情況，宜不改動文字而僅出校説明。例如，注疏卷三庶人章第六「用天之道」，注：「春生、夏長、秋斂、冬藏，舉事順時，此用天道也」，疏：「云『春生、夏長、秋斂、冬藏』者，此依鄭注也。」阮校云：「石臺本作『秋收』，鄭注本同。案正義云『此依鄭注也』，則當作『秋收』，岳本改爲『秋斂』，非。」今按：阮説是，然釋文出「秋收」，云「本作『斂』」，是鄭注本亦有作「斂」者，而本疏下文引作「秋斂」，則正義所據本之注如此，故不改。

二、引文如與作疏者引用它的大意符合，不苛求字字對應。

三、如能判斷注疏中的引文出於轉引者，若有誤，盡可能不改而出校説明。例如，注疏卷二諸侯章第三「然後能保其社稷而和其民人」，注「列國皆有社稷，其君主而祭之」，疏：「云『皆有社稷』者，韓詩外傳云：『天子大社，東方青，南方赤，西方白，北方黑，中央黄土。……』」正誤云：「案此見周書作洛篇，韓詩外傳無文。」阮本此處不出校。按今本韓詩外傳中誠無此段文字，然尚書禹貢徐州「厥貢惟土五色」，孔穎達正義引韓詩外傳云「天子社廣五丈，東方青」云云，又引蔡邕獨斷云「天子大社以五色土爲壇」云云，並謂：「是必古書有此説，故先儒之言皆同也。」則本疏引韓詩外傳云云，蓋襲自尚書正義也。

四、如果此本引文有善而可以校改他書者，不再引申，亦不一一指明，蓋非整理此經之務。

校記取捨

校記的撰寫，此次十三經注疏整理本有統一的規定，爲了盡可能避免孫詒讓所批評的「俗本訛文塵穢簡牘」，筆者對孝經注疏的校勘記又作了如下的規範。

一、因爲此次整理以習稱的泰定本爲底本，所以凡校改底本之字皆存其舊文。所謂「存其舊文」者，凡删去之字加圓括號，增、改之字加方括號，以爲標識。

二、凡有版本依據的校改，以及取用阮校中判爲「是」的成果，均出校，以不掠前人之美。

三、除以上兩種情況必須出校外，餘下的屬以下幾種情況者不出校：

凡此本不誤而它本有誤者，一般不出校説明。

凡因形近而誤且訛誤顯然者(如「第」訛爲「弟」,「簿」訛爲「薄」,「籍」訛爲「藉」之類,以及「大」、「太」互訛,「己」、「已」、「巳」互訛之類)均徑改而不出校,且不存其舊文。

必須增虚字以足文義、文例者,一般不出校,但必存其增補之跡。

浦鏜在正誤中一般不説明異文的來由和是否必須改動的理由,其實他的許多校勘意見,如果仔細閱讀注疏是不難發現其原因的,爲節省篇幅起見,凡屬此類亦徑改而不出校,但必存其舊文。

筆者根據文義、文例理校得出的改字、補字,如没有多少理由且没有版本依據的,亦徑改而不出校,但必存其改、補之跡。

四、經籍文本的整理,歷來涵有正字的要求,泰定本在文字上也存在許多俗體字、别體字等(尤其在疏中),爲便於閲讀,凡可以正字和統一異同之處,皆徑改而不出校,且不存其舊文。凡避諱字,屬於缺筆避諱者皆添足筆劃以成完字,而屬於注、疏作者當時改字避諱者則仍其舊。

參校文獻略稱(凡阮元校刻本已使用的文獻均沿用其略稱)

阮本　阮元校刻本(據中華書局影印阮元校刻本十三經注疏)

閩本　明嘉靖閩中御史李元陽刻本

監本　明萬曆北京國子監刻本

毛本　明崇禎毛晉汲古閣刻本

殿本　清乾隆武英殿校刊本（據上海古籍出版社影印文淵閣四庫全書鈔本）

以上諸本合稱「注疏諸本」

釋文　經典釋文卷二三孝經音義（據上海古籍出版社影印北京圖書館藏宋刻宋元遞修本）

古文石刻本　范祖禹書古文孝經石刻（據馬雍宋范祖禹書古文孝經石刻校釋，載中華書局版凡將齋金石叢稿）

太宰純本　古文孝經孔傳（太宰純音，據民國古書流通處影印鮑氏知不足齋叢書本）

卷子本　唐玄宗開元注本（據古逸叢書影刊覆卷子本唐開元御注孝經）

石臺本　石臺孝經（據日本二玄社書跡名品叢刊影印本）

岳本　元相臺岳氏荆谿家塾刻本（據民國古書流通處古書叢刊影印本）

浦鏜、正誤　沈廷芳十三經注疏正字卷七五（據上海古籍出版社影印文淵閣四庫全書鈔本）

阮福、義疏補　阮福孝經義疏補（據上海古籍出版社續修四庫全書影印道光九年刻本）

于鬯　于鬯香草校書卷五一（據中華書局排印本）

楊守敬　日本訪書志卷二唐玄宗開元注孝經（據上海古籍出版社續修四庫全書影印光緒鄰蘇園刻本）

整理者

目録

孝經序

御製序并注〔一〕

【疏】孝經者，孔子爲曾參陳孝道也。漢初，長孫氏、博士江翁、少府后倉、諫大夫翼奉、安昌侯張禹傳之，各自名家。經文皆同，唯孔氏壁中古文爲異。至劉炫，遂以古孝經庶人章分爲二，曾子敢問章分爲三，又多閨門一章，凡二十二章。桓譚新論云：「古孝經千八百七十二字，今異者四百餘字。」「孝」者事親之名，「經」者常行之典。按漢書藝文志云：「夫孝，天之經，地之義，民之行也。舉大者言，故曰『孝經』。」又按禮記祭統云：「孝者，畜也。」畜，養也。釋名云：「孝，好也。」周書謚法：「至順曰孝。」總而言之，道常在心，盡其色養，中情悅好，承順無怠之義也。爾雅曰：「善父母爲孝。」皇侃曰：「經者，常也、法也。此經爲教，任重道遠，雖復時移代革，金石可消，而爲孝事親常行，存世不滅，是其常也，爲百代規模，人生所資，是其法也。言孝之爲教，使可常而法之。」易有上經、下經，老子有道經、德經。孝爲百行之本，故名曰『孝經』。經之創制，孔子所撰也。前賢以爲曾參雖有至孝之性，未達孝德之本，偶於閒居，因得侍坐，參起問於夫子，夫子隨而答，參是以集録，因名爲『孝經』。尋繹再三，將未爲得也，何者？夫子刊緝前史而修春秋，猶云筆則筆，削則削，四科十哲莫敢措辭。按鉤命決云：「孔子曰：『吾志在春秋，行在孝經。』」斯則修春秋、撰孝經，孔子之志、行也，何爲重其志而自筆削，輕其行而假他人者乎？按劉炫述義，其略曰：「炫謂孔子自作孝經，本非曾參請業而對也。士有百行，以孝爲本，本立而後道行，道行而後業就，故曰『明王之以孝治天下也』，然則治世之要，孰能非乎？徒以教化之道因時立稱，經典之目隨事表名，至使威儀禮節之餘盛傳當代，孝悌德行之本隱而不彰。夫子運偶陵遲，禮樂崩壞，名教將絶，特感聖心，因弟子有請問之道，師儒有教誨之義，故假曾子之言以爲對揚之體，乃非曾子實有問也。若疑而始問，答以申辭，則曾子應每章一問，仲尼應每問一答。按經，夫子先自言之，非參請也；諸章以次演之，非待〔問〕也。〔二〕且辭義血脈，文連旨環，而『開宗』題其端緒，餘章廣而成之，非一問一答之勢也；理有所極，方始發問，又非請業請答之事。首章言『先王有至德要道』，則下章云『此之謂要道也』，『非至德，其孰能順民』，皆遥結（道本）〔首章〕，〔非〕答曾子也。〔三〕舉此爲例，凡有數科。必其（王）〔主〕爲曾子言，〔四〕首章答曾子已了，何由不待曾子問，更自述而（修）〔明〕之？且三起曾參侍坐與之（别）〔言〕，二者是問也，一者歎之也。（故）〔蓋〕假言乘閒曾子坐也，與之論孝，開宗明義，上陳天子、下陳庶人，語盡無更端，於曾子未有請，故假參歎孝之大，又説以孝爲理之功；説之以終，欲言其聖道莫大於孝，又假參問，乃説聖人之德不加於孝；在前論敬順之道，未有規諫之事，慇懃在悦色，不可頓説犯顔，故須更借曾子言陳諫争之義。此皆孔子須參問，非參須問孔子也。莊周之斥鷃笑鵬、罔兩問影，屈原之漁父鼓枻、大卜拂龜，馬卿之烏有、無是，楊雄之翰林、子墨，寧非師祖製作以爲楷模者乎？若依鄭注，實居講堂，則廣延生徒，侍坐非一，夫子豈淩人侮衆，獨與參言邪？且云『汝知之乎』，何必直汝曾子而參先避席乎？必其偏告諸生（又）〔無〕有對者，當參不讓儕輩而獨答乎？假使獨與參言，言畢參自集録，豈宜稱師字者乎？由斯言之，經教發（極）〔抒〕，夫子所撰也。而漢書藝文志云：『孝經者，孔子爲曾子陳孝道也。』謂其爲曾子特説此經，然則聖人之有述作，豈爲一人而已？斯皆誤本其文，致兹乖謬也。所以先儒注解，多所未行。唯鄭玄之六藝論曰：『孔子以六藝題目不同，指意殊别，恐道離散，後世莫知根源，故作孝經以總會之。』其言雖則不然，其意頗近之矣。然入室之徒不〔一〕，〔五〕獨假曾子爲言，以參偏得孝名也。老子曰：『六親不和有孝慈。』然則孝慈之名因不和而有，若萬行俱備，稱爲人聖，則凡聖無不孝也。而家有三惡，舜稱大孝；龍逢、比干忠名獨彰，君不明也；孝（以）〔己〕、伯奇之名偏著，〔六〕母不慈也。曾子性雖至孝，蓋有由而發矣。藜蒸不熟而出其妻，家法嚴也；耘瓜傷苗幾殞其命，明父少恩也。曾子孝名之大，其或由茲，固非參性遲朴，躬行匹夫之孝也。」審考經言，詳稽炫釋，（貴）〔實〕藏理於古而獨得之於今者與。〔七〕元氏雖同炫説，恐未盡善，今以藝文志及鄭氏所説爲得。其作經年，先儒以爲魯哀公十四年西狩獲麟而作春秋，至十六年夏四月己丑孔子卒爲證，則作在魯哀公十四年後、十六年前。案鉤命決云：「孔子曰：『吾志在春秋，行在孝經。』」據先後言之，明孝經之文同春秋作也。又鉤命決云：「孔子曰：『春秋屬商，孝經屬參。』」則孝經之作在春秋後也。

「御」者，按大戴禮盛德篇云：「德法者御民之本也，古之御政以治天下者，冢宰之官以成道，司徒之官以成德，宗伯之官以成仁，司馬之官以成聖，司寇之官以成義，司空之官以成禮。故六官以爲轡，司會均入以爲軜，故曰御四馬者執六轡，御天地與人與事者亦有六政。是故善御者正身同轡，均馬力，齊馬心，唯其所引而之，以取長道，遠行可以之，急疾可以御。天地與人事，此四者聖人之所乘也。是故天子御者内史、太史，左右手也，六官亦六轡也。天子、三公合以執六官，均五政，齊五法，以御四者，故亦唯其所引而之。以之道則國治，以之德則國安，以之仁則國和，以之聖則國平，以之義則國成，以之禮則國定，此御政之體也。」然則「御」者治天下之名，若柔轡之御剛馬也。家語亦有此文，是以秦漢以來，以「御」爲至尊之稱。又蔡邕獨斷曰：「『御』者進也，凡衣服加於身、飲食入於口、妃妾接於寢皆曰『御』。」至於器物製作，亦皆以「御」言之。故此云「御」也。

「製」者，裁剪述作之謂也。故左傳曰：「子有美錦，不使人學製焉。」取此美名，故人之文章述作皆謂之「製」。以此序唐玄宗所撰，故云「御製」也。玄宗，唐第六帝也，諱隆（著）〔基〕，睿宗之子，以延和元年即位，時年三十三。在位四十五年，年七十八登遐，謚曰（明）孝皇帝，廟號玄宗。開元十年製經序并注。

「序」者，按詩頌云「繼序思不忘」，毛傳云：「序，緒也。」又釋詁云：「敘，緒也。」是序與敘音義同。郭璞云：「又爲端緒。」然則此言「序」者，舉一經之端緒耳。

「并注」者，并，兼也。注，著也。解釋經指，使義理著明也。言非但製序，兼亦作注，故云「并」也。案今俗所行孝經題曰「鄭氏注」，近古皆謂康成，而晉、魏之朝無有此説。晉穆帝永和十一年及孝武太元元年，再聚群臣共論經義，有荀昶者撰集孝經諸説，始以鄭氏爲宗。晉末以來多有異論，陸澄以爲非玄所注，請不藏於秘省，王儉不依其請，遂得見傳。至魏、齊則立學官，著（作）〔在〕律令。〔八〕蓋由虜俗無識，故致斯訛舛。然則經非鄭玄所注，其驗有十二焉。據鄭自序云「遭黨錮之事逃難，至黨錮事解，注古文尚書、毛詩、論語，爲袁譚所逼，來至元城，乃注周易」，都無注孝經之文，其驗一也。鄭君卒後，其弟子追論師所注述及應對時人，謂之鄭志，其言鄭所注者唯有毛詩、三禮、尚書、周易，都不言注孝經，其驗二也。又鄭志目録記鄭之所注，五經之外有中候、大傳、七政論、乾象曆、六藝論、毛詩譜、答臨碩難禮、〔駁〕許慎異（議）〔義〕、〔九〕釋廢疾、發墨守、箴膏肓、答甄（守）〔子〕然等書，〔一〇〕寸紙片言，莫不悉載，若有孝經之注，無容匿而不言，其驗三也。鄭之弟子分授門徒，各述所言，更爲問答，編録其語，謂之鄭記，唯載〔詩、書〕、禮、易、論語，〔一一〕其言不及孝經，其驗四也。趙商作鄭玄碑銘，具載諸所注箋（驗）〔駁〕論，〔一二〕亦不言注孝經。晉中經簿「周易、尚書、中候、尚書大傳、毛詩、周禮、儀禮、禮記、論語」凡九書，皆云「鄭氏注，名玄」，至於孝經則稱「鄭氏解」，無「名玄」二字，其驗五也。春秋緯演孔圖注云：「康成注三禮、詩、易、尚書、論語，其春秋、孝經則有評論。」宋均詩譜序云「我先師北海鄭司農」，〔一三〕則均是玄之傳業弟子，師有注述，無容不知，而云春秋、孝經唯有評論，非玄所注（時）〔特〕明，〔一四〕其驗六也。又宋均孝經緯注引鄭六藝論敘孝經云「玄又爲之注」，司農論如是而均無聞焉。有義無辭，令予昏惑」，舉鄭之語而云「無聞」，其驗七也。宋均春秋緯注云「爲春秋、孝經略説」，則非注之謂，所言「又爲之注」者，泛辭耳，非事實。其敘春秋亦云「玄又爲之注」，寧可復責以實注春秋乎？其驗八也。後漢史書存於代者，有謝承、薛瑩、司馬彪、袁山松等，其所注皆無孝經，唯范曄書有孝經，其驗九也。王肅孝經傳首有司馬宣王奉詔令諸儒注述孝經，以肅説爲長。若先有鄭注，亦應言及，而不言鄭，其驗十也。王肅注書，好發鄭短，凡有小失皆在聖證，若孝經此注亦出鄭氏，被肅攻擊最應煩多，而肅無言，其驗十一也。魏、晉朝賢辯論時事，鄭氏諸注無不撮引，未有一言孝經注者，其驗十二也。以此證驗，易爲討覈，而代之學者不覺其非，乘（後）〔彼〕謬説，〔一五〕競相推舉，諸解不立學官，此注獨行於世。觀言語鄙陋，義理乖謬，固不可示彼後來，傳諸不朽。至古文孝經孔傳，本出孔氏壁中，語（其）〔甚〕詳正，〔一六〕無俟商搉，而曠代亡逸，不被流行。隋開皇十四年，秘書學（生）〔士〕王〔孝〕逸於京市陳人處買得一本，〔一七〕送與著作〔郎〕王（邵）〔劭〕，〔一八〕以示河間劉炫，仍令校定。而此書更無兼本，難可依憑，炫輒以所見率意刊改，因著古文孝經稽疑一篇。故開元七年勑議之際，劉子玄等議以爲，孔、鄭二家雲泥致隔，今綸旨煥發，校其短長，必謂行孔廢鄭，於義爲允。國子博士司馬貞議曰：「今文孝經是漢河間王所得顔芝之本，至劉向以此參校古文，省除繁惑，定（比）〔此〕一十八章。〔一九〕其注相承云是鄭玄所作，而鄭志及目録等不載，故往賢共疑焉。唯荀昶、范曄以爲鄭注，故昶集解孝經具載此注爲優。且其注縱非鄭玄，而義旨敷暢，將爲得所，雖數處小有非穩，實亦未爽經旨。其古文二十二章（無）〔元〕出孔壁。〔二〇〕先是安國作傳，緣遭巫蠱，未之行也。昶集注之時尚（未見）〔有〕孔傳，〔二一〕中朝遂亡其本。近儒欲崇古學，妄作傳學，假稱孔氏，輒穿鑿改更，又僞作閨門一章，劉炫詭隨，妄稱其善。且閨門之義，近俗之語，必非宣尼正説。案其文云『閨門之内具禮矣〔乎〕，〔二二〕嚴親嚴兄，妻子臣妾繇百姓徒役也』，是比妻子於徒役，文句凡鄙，不合經典。又分庶人章從『故自天子』已下别爲一章，仍加『子曰』二字。然故者（建下）〔連上〕之辭，〔二三〕既是章首，不合言『故』，是古（人）〔文〕既没，〔二四〕後人妄開此等數章，以應二十二之數。非但經（久）〔文〕不真，〔二五〕抑亦傳文淺僞。又注『用天之道，分地之利』，〔二六〕其略曰：『脱（之應）〔衣就〕功，〔二七〕暴其肌體，朝暮從事，露髪（徒）

〔塗〕足，〔二八〕少而習之，其心安焉。』此語雖旁出諸子，而引之爲注，何言之鄙俚乎？與鄭氏所云『分別五土，視其高下，高田宜黍稷，下田宜稻麥』，優劣懸殊，曾何等級。今議者欲取近儒詭說而廢鄭注，理實未可，請准令式，孝經鄭注與孔傳依舊俱行。」詔鄭注仍舊行用，孔傳亦存。是時蘇、宋文吏拘於流俗，不能發明古義，奏議排子玄，令諸儒對定，司馬貞與學生郗常等十人盡非子玄，〔二九〕卒從諸儒之說。至十年上自注孝經，頒於天下，卒以十八章爲定。

朕聞上古，其風朴略，雖因心之孝已萌，而資敬之禮猶簡。及乎仁義既有，親譽益著，聖人知孝之可以教人也，故「因嚴以教敬，因親以教愛」，於是以順移忠之道昭矣，立身揚名之義彰矣。子曰：「吾志在春秋，行在孝經。」是知孝者德之本歟。

【疏】「朕聞上古」至「德之本歟」　自此以下至於序末，凡有五段明義，當段自解其指，於此不復繁文。今此初段，序孝之所起及可以教人而爲德本也。

〔「朕聞上古其風朴略」〕　「朕」者，我也。古者尊卑皆稱之，故帝舜命禹曰「朕志先定」，禹曰「朕德罔克」，皋陶曰「朕言惠可底行」，又屈原亦云「朕皇考曰伯庸」，是由古人質，故君臣共稱，至秦始皇二十六年，始定爲天子之稱。「聞」者，目之不覩、耳之所傳曰聞。「上古」者，經典所說不同，案禮運鄭玄注云「中古未有釜甑」，則謂神農爲中古；若易歷三古，則伏羲爲上古、文王爲中古、孔子爲下古；若三王對五帝，則五帝亦爲上古，故士冠記云「大古冠布」，下云「三王共皮弁」，則大古五帝時也，大古亦上古也。以其文各有所對，故上古、中古不同也。此云「上古」者，亦謂五帝以上也。知者，以下云「及乎仁義既有」，以禮運及老子言之，仁義之盛在三王之世，則此「上古」自然當五帝以上也。云「其風朴略」者，風，教也。朴，質也。略，疏也。言上古之君貴尚道德，其於教化則質朴疏略也。

〔「雖因」至「猶簡」〕　因猶親也，資猶取也。言上古之人有自然親愛父母之心，如此之孝雖已萌兆，而取其恭敬之禮節猶尚簡少也。周禮大司徒教六行，云「孝、友、睦、姻、任、恤」，注云「因，親於外親」，〔三〇〕是因得爲親也。詩大雅皇矣云「維此王季，因心則友」，士章云「資於事父以事君而敬同」，此其所出之文也，故引以爲序耳。

〔及乎至益著〕　「及乎」者，語之發端，連上逮下之辭也。仁者兼愛之名，義者裁非之謂。「仁義既有」謂三王時也。案曲禮云「大上貴德」，鄭注云：「大(古)〔上〕帝皇之世。」〔三一〕又禮運云「大道之行也」，鄭注云：「『大道』謂五帝時。」老子德經云：「失道而後德，失德而後仁，失仁而後義。」是道德當三皇五帝時，則仁義當三王之時可知也。慈愛之心曰親，聲美之稱曰譽。謂三王之世，「天下爲家，各親其親，各子其子」，親譽之道日益著見，故曰「親譽益著」也。

〔「聖人」至「教人也」〕　「聖人」謂以孝治天下之明王也。孝爲百行之本、至道之極，故經文云「聖人之德又何以加於孝乎」。

〔「故因」至「教愛」〕　引下經文以證義也。

〔「於是」至「彰矣」〕　經云「君子之事親孝，故忠可移於君」，又曰「立身行道，揚名於後世」，言人事兄能悌，以之事長則爲順；事親能孝，移之事君則爲忠。然後立身揚名，傳於後世也。昭、彰皆明也。

〔「子曰」至「孝經」〕　此鉤命決文也。言褒貶諸侯善惡志在於春秋，人倫尊卑之行在於孝經也。

〔「是知孝者德之本歟」〕論語云：「孝弟也者，其爲仁之本歟？」今言「孝者德之本歟」，歟者，歎美之辭。舉其大者而言，故但云孝；德則行之總名，故變「仁」言「德」也。

經曰：「昔者明王之以孝理天下也，不敢遺小國之臣，而況於公、侯、伯、子、男乎？」朕嘗三復斯言，〔三二〕景行先哲。雖無德教加於百姓，庶幾廣愛形于四海。

【疏】「經曰」至「（刑）〔形〕（於）〔于〕四海」　此第二段，序己仰慕先世明王，欲以博愛廣敬之道被四海也。

「經曰」至「男乎」　此孝治章文也，故言「經曰」。言小國之臣尚不敢遺棄，何況於五等列爵之君乎？公、侯、（百）〔伯〕、子、男，〔三三〕五等之爵也。白虎通曰：「公者通也，公正無私之意也，春秋傳曰：『王者之後稱公。』侯者候也，候順逆也。伯者長也，爲一國之長也。子者字也，常行字愛於人也。男者任也，常任王事也。」王制云：「公、侯地方百里，（百）〔伯〕七十里，子、男五十里。」至於周公時增地益廣，加賜諸侯之地，公五百里，侯四百里，伯三百里，子二百里，男一百里。公爲上等，侯、伯爲中等，子、男爲下等。言「小國之臣」，謂子、男之臣也。

〔「朕嘗」至「先哲」〕　復猶覆也。斯，此也。景，明也。哲，智也。言每讀經至此科，三度反覆重讀，庶幾法則此有明行者，先世聖智之明王也。論語云「南容三復白圭」，詩云「高山仰止，景行行止」，是其類也。

〔「雖無德教加於百姓」〕　上遜辭也。

〔「庶幾廣愛形于四海」〕　此上意思行教也。庶幾猶幸望。既謙言無德教加於百姓，唯幸望以廣敬博愛之道著見於四夷也。案經作「刑」，刑，法也；今此作「形」，則形猶見也。義得兩通，無繁改字。「四海」即四夷也，又經别釋。

嗟乎！夫子没而微言絶，異端起而大義乖。況泯絶於秦，得之者皆煨燼之末；濫觴於漢，傳之者皆糟粕之餘。故魯史春秋，學開五傳；國風、雅、頌，分爲四詩。去聖逾遠，源流益别。近觀孝經舊注，踳駁尤甚。至於迹相祖述，殆且百家；業擅專門，猶將十室。希升堂者必自開户牖，攀逸駕者必騁殊軌轍，是以道隱小成，言隱浮僞。且傳以通經爲義，義以必當爲主，至當歸一，精義無二，安得不翦其繁蕪，而撮其樞要也？

【疏】「嗟乎」至「樞要也」　此第三段，歎夫子没後，遭世陵遲，典籍散亡，傳注踳駁，所以撮其樞要而自作注也。

〔「嗟乎」至「大義乖」〕　嗟乎，上歎辭也。夫子，孔子也，以嘗爲魯大夫，故云「夫子」。案史記云：孔子生魯國昌平陬邑，魯襄公二十二年生，年七十三，以魯哀公十六年四月己丑卒，葬魯城北泗上。「而微言絶」者，藝文志文，李奇曰：「隱微不顯之言也。」顔師古曰：「精微要妙之言耳。」言夫子没後，妙言咸絶，七十子既喪而異端並起，大義悉乖。

〔「況泯」至「之末」〕　泯，滅也。「秦」者，隴西谷名也，在雍州鳥鼠山之東北。昔皋陶之子伯翳，佐禹治水有功，舜命作虞，賜姓曰嬴，其末孫非子爲周孝王養馬於汧渭之間，封爲附庸，邑于秦谷。及非子之曾孫秦仲，周宣王又命爲大夫。仲之孫襄公討西戎救周，周室東遷，以岐、豐之地賜之，始列爲諸侯，春秋時稱秦伯。至孝公子惠文君立，是爲惠王。及莊襄王爲秦質子於趙，見呂不韋姬，説而取之，生始皇。以秦昭王四十八年正月生於邯鄲，及生，名爲政，姓趙氏。年十三，莊襄王死，政代立爲秦王。至二十六年，平定天下，號曰始皇帝。三十四年置酒咸陽宫，博士齊人淳于越進曰：「臣聞殷、周之王千餘歲，封子弟、立功臣，自爲枝輔。今陛下有海内而子弟爲匹夫，卒有田常、六卿之臣，無輔拂何以相救哉？」丞相李斯曰：「五帝不相復，三代不相襲。非其相反，時變異也。今陛下創大業，建萬世之功，固非愚儒之所知。臣請史官非秦記皆燒之，非博士官所職，天下敢有藏詩書、百家語者，悉詣守尉雜燒之。」制曰：「可。」三十五年，以爲諸生誹謗，乃自除犯禁者四百六十餘人，皆阬之咸陽。是經籍之道滅絶於秦。説文云「煨，盆火也」，「燼，火餘也」。言遭秦焚阬之後，典籍滅亡，雖僅有存者，皆火餘之微末耳，若伏勝尚書、顔貞孝經之類是也。

〔「濫觴」至「之餘」〕　案家語孔子謂子路曰「夫江始於岷山，其源可以濫觴，及其至江津也，不舫舟，不避風，（雨）〔則〕不可以涉」，〔三四〕王肅曰：「觴所以盛酒者，言其微也。」又文選郭景純江賦曰「惟岷山之導江，初發源乎濫觴」，臣翰注云：「濫謂泛濫，小流貌。觴，酒醆也。謂發源小如一醆。」「漢」者，巴蜀之間地名也。二世元年諸侯叛秦，沛人共立劉季以爲沛公。二年八月入秦，秦相趙高殺二世，立二世兄子子嬰，冬十月爲漢元年。子嬰二年春正月，項羽尊楚懷王爲義帝，羽自立爲西楚霸王，更立沛公爲漢王，王巴蜀、漢中四十一縣，都南鄭。五年破項羽，斬之。六年二月，即皇帝位於氾水之陽，遂取漢爲天下號，若商、周然也。漢興，改秦之政，大收篇籍。言從始皇焚燒之後，至漢氏尊學，初除挾書之律，有河間人顔貞出其父芝所藏，凡一十八章，以相傳授。言其至少，故云「濫觴於漢」也，其後寖盛，則如江矣。釋名云：「酒滓曰糟，浮米曰粕。」〔三五〕既以「濫觴」況其少，因取「糟粕」比其微，言醇粹既喪，但餘此糟粕耳。

〔「故魯史春秋學開五傳」〕「故」者，因上起下之語。夫子約魯史春秋，「學開五傳」者，謂各專己學，以相教授，分經作傳，凡有五家。開則分也。「五傳」者，案漢書藝文志云：左氏傳三十卷，左丘明，魯太史也。公羊傳十一卷，公羊子，齊人，名高，受經於子夏。穀梁傳十一卷，名赤，魯人，〔三六〕麋信云「與秦孝公同時」，〔十〕〔七〕録云「名俶，〔三七〕字元始」，風俗通云「子夏門人」。鄒氏傳十一卷，漢書云「王吉善鄒氏春秋」。夾氏傳十一卷，有録無書。其鄒、夾二家，鄒氏無師，夾氏未有書，故不顯于世，蓋王莽時亡失耳。

〔「國風雅頌分爲四詩」〕詩有國風、小雅、大雅、周頌、魯頌、商頌，故曰「國風、雅、頌」。「四詩」者，毛詩、韓詩、齊詩、魯詩也。毛詩自夫子授卜商，傳至大毛公名(享)〔亨〕，〔三八〕大毛公授毛萇，趙人，爲河間獻王博士。先有子夏詩傳一卷，萇各置其篇端，存其作者，至後漢大司農鄭玄爲之箋，是曰「毛詩」。韓詩者，漢文帝時博士燕人韓嬰所傳，武帝時與董仲舒論於上前，仲舒不能難，至晉無人傳習，是曰「韓詩」。齊詩者，漢景帝時博士清河太傅轅固生所傳，號「齊詩」，傳夏侯始昌，昌授后蒼輩，門人尤盛，後漢陳元方亦傳之，至西晉亡，是曰「齊詩」。魯詩者，漢武帝時魯人申公所述，以經爲訓詁教之，無傳，疑者則闕，號爲「魯詩」。

〔「去聖逾遠源流益别」〕逾，越也。百川之本曰源，水行曰流，增多曰益。言秦漢而下，上去孔子聖越遠，孝經本是一源，諸家增益，别爲衆流，謂其文不同也。

〔「近觀」至「尤甚」〕孝經今文稱鄭玄注，古文稱孔安國注，先儒詳之，皆非真實，而學者互相宗尚。踳，乖也。駁，錯也。尤，過也。今言觀此二注乖錯過甚，故言「踳駁尤甚」也。

〔「至於」至「百家」〕「至於」者，語更端之辭也。迹，蹤迹也。祖，始也。因而明之曰述。言學者蹤迹相尋，以在前者爲始，後人從而述修之，若仲尼祖述堯舜之爲也。殆，近也。言近且百家，目其多也。案其人，今文則有魏王肅、蘇林、何晏、劉(邵)〔劭〕,〔三九〕吴韋昭、謝萬、徐整,晉袁宏、虞槃(佑)〔佐〕,〔四〇〕東晉楊泓、殷仲文、車胤、孫氏、庾氏,〔宋〕荀昶、〔四一〕孔光、何承天、釋慧琳,齊王玄載、明僧紹,及漢之長孫氏、江翁、翼奉、后蒼、張禹、鄭衆、鄭玄所説,各擅爲一家也。其梁皇侃撰義疏三卷,梁武帝作講疏,賀瑒、嚴植之、劉貞簡、明山賓咸有説,隋有鉅鹿魏真克者亦爲之訓注。其古文出自孔氏壞壁,本是孔安國作傳,會巫蠱事,其本亡失,至隋,王劭所得,以送劉炫,炫敘其得喪,述其義疏(議)〔講〕之。〔四二〕劉綽亦作疏,與鄭義俱行。又馬融亦作古文孝經傳,而世不傳。此皆祖述名家者也。

〔「業擅專門猶將十室」〕上言「百家」者,大略皆祖述而已,其於傳守己業、專門命氏者,尚自將近十室。室則家也,爾雅釋宫云:「宫謂之室,室謂之宫,其内謂之家。」但與上「百家」變文耳,故言「十室」。其十室之名,序不指摘,不可強言,蓋后蒼、張禹、鄭玄、王肅之徒也。

〔「希升堂者必自開户牖」〕希,望也。論語云「子曰:『由也升堂矣,未入於室』」,夫子言仲由升我堂矣,未入於室耳。今祖述孝經之人,望升夫子之堂者,既不得其門而入,必自擅開門户牕牖矣。言其妄爲穿鑿也。

〔「攀逸駕者必騁殊軌轍」〕攀,引也。「逸駕」謂奔逸之車駕也。案莊子:「顔淵問於仲尼曰:『夫子步亦步,夫子趨亦趨,夫子馳亦馳,夫子奔逸絶塵而回瞠若乎後耳。』」言夫子之道,神速不可及也。今祖述孝經之人,欲仰慕攀引夫子奔逸之駕者,既不得直道而行,必馳騁於殊異之軌轍矣。言不知道之無從也。兩轍之間曰軌,車輪所轢曰轍。

〔「是以」至「浮僞」〕「道」者,聖人之大道也。隱,蔽也。「小成」謂小道而有成德者也。「言」者,夫子之至言也。「浮僞」謂浮華詭辯也。言此穿鑿馳騁之徒,唯行小道華辯,致使大道至言皆爲隱蔽,其實則不可隱。故莊子内篇齊物論云:「道惡乎隱而有真僞,言惡乎隱而有是非。道惡乎往而不存,言惡乎存而不可。道隱於小成,言隱於榮華。」此文與彼同，唯「榮華」作「〔浮〕僞」耳，〔四三〕大意則不異也。

〔「且傳」至「爲主」〕「且」者，語辭。「傳」者，注解之別名。博釋經意，傳示後人則謂之傳。「注」者，著也。約文敷暢，使經義著明則謂之注。作得自題，不爲義例。或曰：前漢以前名傳，後漢以來名注。蓋亦不然，何則？馬融亦謂之傳，知或說非也。此言傳注解釋則以通暢經指爲義，義之裁斷則以必然當理爲主也。

〔「至當歸一精義無二」〕至極之當，必歸於一，精妙之義，焉有二三？將言諸家不同，宜會合之也。

〔「安得」至「樞要也」〕安，何也。諸家之說既互有得失，何得不翦截繁多蕪穢，而撮取其樞機要道也？

韋昭、王肅，先儒之領袖；虞翻、劉邵，抑又次焉。劉炫明安國之本，陸澄譏康成之注。在理或當，何必求人？今故特舉六家之異同，會五經之旨趣。約文敷暢，義則昭然；分注錯經，理亦條貫。寫之琬琰，庶有補〔於〕將來。〔四四〕

【疏】〔「韋昭」至「將來」〕自此至「有補將來」爲第四段，序作注之意。舉六家異同，會五經旨趣，敷暢經義，望益將來也。

〔「韋昭」至「次焉」〕吳志曰：「韋曜字弘嗣，吳郡雲陽人，本名昭，避晉文帝諱改名曜。〔事〕〔仕〕吳，〔四五〕至中書僕射、侍中，領左國史，封高陵亭侯。」魏志曰：「王肅字子雍，王朗之子。仕魏，歷散騎黃門侍郎、散騎常侍，兼太常。」吳志：「虞翻字仲翔，會稽餘姚人。漢末舉茂才，曹公辟不就。仕吳，以儒學聞，爲老子、〔命〕〔論〕語、國語訓注，傳於世。」魏志：「劉邵字孔才，廣平邯鄲人。仕魏，歷散騎常侍，賜爵關內侯。著人物志百篇。」〔四六〕此指言韋、王所學，在先儒之中如衣之有領袖也。虞、劉二家亞次之。抑，語辭也。

〔「劉炫」至「之注」〕　隋書云：「劉炫字光伯，河間景城人。炫左畫方、右畫圓、口誦、目數、耳聽，五事並舉，無所遺失。仕後周，直門下省，竟不得官。縣司責其賦役，炫自陳於內史，乞送吏部。吏部尚書韋世康問其所能，炫自爲狀曰：『周禮、禮記、毛詩、尚書、公羊、左傳、孝經、論語，孔、鄭、王、何、服、杜等注凡三十家，雖義有精麤，並堪講授。周易、儀禮、穀梁，用功頗少；子史文集、嘉言美事，咸誦於心；天文、律歷，窮覈微妙；公私文翰，未嘗舉手。』吏部竟不詳試，除殿內將軍。仕隋，歷太學博士，罷歸河間，賊中餓死，謚宣德先生。」初，炫既得王劭所送古文孔安國注本，遂著古文稽疑以明之。蕭子顯齊書曰：「陸澄字彦淵，吴郡吴人也。少〔好〕學博覽，〔四七〕無不知。起家仕宋，至齊，歷國子祭酒、光禄大夫。」初，澄以晉荀昶所學爲非鄭玄所注，〔四八〕請（文）〔不〕藏秘（書）〔省〕，〔四九〕王儉違其議。

〔「在理或當何必求人」〕　言但在注釋之理允當，不必譏非其人也。求猶責也。

〔「今故」至「旨趣」〕　「六家」即韋昭、王肅、虞翻、劉邵、劉炫、陸澄也，言舉此六家而又會合諸經之旨趣耳。

〔「約文敷暢義則昭然」〕　約，省也。敷，布也。暢，通也。言作注之體，直約省其文，不假繁多，能徧布通暢經義，使之昭明也。然，〔語〕辭也。

〔「分注錯經理亦條貫」〕　謂分其注解，間錯經文也。經注雖然分錯，其理亦不相亂而有條有貫也。書云「若網在綱，有條而不紊」，論語「子曰：參乎，吾道一以貫之」，是條之理也。

〔「寫之」至「將來」〕　案考工記玉人職云「琬圭九寸而繅，以象德」，注云：「琬猶圜也，王使之瑞節也。諸侯有德，王命賜之，使者執琬圭以致命焉。繅，藉也。」又云「琰圭九寸，判規，以除慝，以易行」，注云：「凡圭琰上寸半，琰圭琰半以上，又半爲瑑飾。諸侯有爲不義，使者征之，執以爲瑞節也。除慝，誅惡逆也。易行，〔止〕〔去〕繁苛。」〔五〇〕今言以此所注孝經寫之琬圭、琰圭之上，若簡策之爲，庶幾有所裨補於將來學者。或曰：謂刊石也，而言「寫之琬琰」者，取其美名耳。

且夫子談經，志取垂訓，雖五孝之用則別，而百行之源不殊。是以一章之中凡有數句，一句之內意有兼明，具載則文繁，略之又義闕，今存于疏，用廣發揮。

【疏】〔「且夫子」至「發揮」〕 自此至序末爲第五段，言夫子之經言約意深，注繁文不能具載，〔仍〕〔乃〕作疏義以廣其旨也。

〔「且夫子」至「垂訓」〕 且夫子所談之經，其志但取垂訓後代而已。

〔「雖五孝」至「不殊」〕 「五孝」者，天子、諸侯、卿大夫、士、庶人五等所行之孝也。言此五孝之用雖尊卑不同，而孝爲百行之源則其致一也。

〔「是以」至「兼明」〕 積句以成章，章者明也，總義包體，所以明情者也；句必聯字而言，句者局也，聯字分〔強〕〔疆〕，〔五一〕所以局言者也。言夫子所修之經，志在殷勤垂訓，所以「一章之中凡有數句，一句之內意有兼明」者也，若移忠移順、博愛廣敬之類皆是。

〔「具載」至「義闕」〕 言作注之體，意在約文敷暢，復恐太略，則大義或闕。

〔「今存于疏用廣發揮」〕 此言必〔順〕〔須〕作疏之義也。〔五二〕「發」謂發越，「揮」謂揮散。若其注文未備者，則具存於疏，用此義疏，以廣大、發越、揮散夫子之經旨也。

校勘記

〔一〕御製序并注　此行原頂格，阮本同，且云：「此本『御』字頂格，閩本、監本、毛本低一格，疏同。」石臺本、岳本此行均不頂格，故據改。又，此行及其疏原在「孝經序」、序文及疏之前，阮本同，閩本、毛本則在序文及疏之後，殿本在「孝經序」之後、序文之前，石臺本、岳本同，按「御製序并注」之疏首釋「孝經」，是孝經正義（以下簡稱「正義」或「疏」）所據本此行亦在「孝經序」之後、序文之前，據改。

〔二〕非待〔問〕也　注疏諸本惟殿本有「問」字，阮云：「正誤『待』下有『問』字，是也。」據補。

〔三〕〔非〕答曾子　注疏諸本惟殿本作「不答曾子」，正誤、俞樾古書疑義舉例寓名例均謂：「『答』上疑奪『非』字。」今按：「不」、「非」孰當雖未能斷定，然此處力辯非實有問答之事，則依文義當有此否定之字，故據正誤及俞說補。

〔四〕（王）〔主〕爲曾子言　阮云：「此本『主』誤『王』，今據閩本、監本、毛本改。」是，據改。

〔五〕入室之徒不〔一〕　注疏諸本惟殿本有「一」，阮云：「案『不』下脱『一』字。」是，據補。

〔六〕孝（以）〔己〕　阮云：「監本、毛本『以』作『巳』。」殿本作「己」，今按：史記陳丞相世家「今有尾生、孝己之行」，集解：「如淳曰：『孝己，高宗之子，有孝行。』殷王族習以日干爲名，作「己」是，據改。

〔七〕（貴）〔實〕藏理於古　注疏諸本惟殿本作「實」，義疏補同，是，據改。

〔八〕著（作）〔在〕律令　阮云：「文苑英華、唐會要『作』作『在』，是也。」今按：册府元龜卷六〇四（以下簡稱「册府」)亦作「在」，據改。

〔九〕〔駁〕許慎異(議)〔義〕 阮云：「文苑英華、唐會要『許』上有『駁』字，『議』作『義』，是也。」今按：冊府亦作「駁許慎異義」，據補、改。

〔一〇〕甄(守)〔子〕然 冊府、文苑英華卷七六六(以下簡稱「英華」)均作「甄子然」，後漢書第五倫傳、孔融傳同，據改。

〔一一〕唯載〔詩書〕 阮云：「文苑英華、唐會要『載』下有『詩書』二字，是也。」今按：冊府亦有「詩書」二字，據補。

〔一二〕注箋(驗)〔駁〕論 阮云：「文苑英華、唐會要『驗』作『駁』，是也。」今按：冊府亦作「駁」，據改。

〔一三〕詩譜序 英華、冊府「譜」作「緯」。

〔一四〕(時)〔特〕明 阮云：「監本、毛本『時』作『特』，文苑英華亦作『特』。」今按：冊府亦作「特」，據改。

〔一五〕乘(後)〔彼〕謬説 阮云：「文苑英華、唐會要『後』作『彼』，是也。」今按：冊府亦作「彼」，據改。

〔一六〕語(其)〔甚〕詳正 正誤云：「『甚』誤『其』。」阮本據正誤改。今按：冊府、殿本作「甚」，據改。

〔一七〕秘書學(生)〔士〕王〔孝〕逸 阮云：「文苑英華『王』下有『孝』字，又注云一本『生』作『士』，案唐會要作『士』。」今按：冊府亦作「士」、有「孝」，據史傳，作「士」、有「孝」是，據改、補。

〔一八〕著作〔郎〕王(邵)〔劭〕 唐會要卷七七(以下簡稱「唐會要」)、英華、冊府「作」下有「郎」字，據北史儒林下，有「郎」是，據補。「王邵」，注疏諸本惟阮本作「劭」，史籍所載不一，或從力，或從邑，隋書本傳稱「王劭字君懋」，今按：從邑之「邵」爲晉邑之名，別無他釋，而「劭」、「懋」俱有勉義，則隋書及阮本作「劭」是，據改(本書下文皆據此徑改，且不再存校改符號，以省篇幅)。

〔一九〕定（比）〔此〕一十八章　阮云：「此本『此』誤『比』，今改正。」今按：唐會要、英華、册府均作「此」，據改。

〔二〇〕（無）〔元〕出孔壁　阮云：「『無』，唐會要、文苑英華並作『元』。」今按：册府亦作「元」，據改。

〔二一〕尚（未見）〔有〕孔傳　阮云：「文苑英華、唐會要『尚未』作『有』字，是也。」今按：阮校中之「尚未」乃「未見」之誤，册府亦作「尚有」，據改。

〔二二〕具禮矣〔乎〕　阮云：「唐會要、文苑英華『矣』下有『乎』字。」今按：册府、古文石刻本、太宰純本均有「乎」，據補。

〔二三〕（建下）〔連上〕之辭　阮云：「『建下』，閩本、監本、毛本作『逮下』，亦非，文苑英華、唐會要作『連上』，是也。」今按：册府亦作「連上」，據改。

〔二四〕古（人）〔文〕既沒　阮云：「唐會要、文苑英華並作『古文』。」今按：册府亦作「古文」，據改。

〔二五〕經（久）〔文〕不真　阮云：「監本、毛本『久』作『文』。」今按：英華作「久」，且注云「一無此字」，册府亦作「文」，據改。

〔二六〕用天之道分地之利　「用天」、「分地」，古文石刻本作「因天」、「因地」，唐會要同；太宰純本作「因天」、「就地」，册府同；英華作「因天」、「用地」。今按：「用天」、「分地」爲今文，御注既用今文，則疏自指稱今文。

〔二七〕脱（之應）〔衣就〕功　阮云：「唐會要、文苑英華及日本所刻僞孝經孔傳並作『脱衣就功』。」今按：册府、太宰純本亦作「脱衣就功」，疏謂此注「旁出諸子」，蓋出自管子小匡，彼作「税衣就功」，注云「脱其常服以就功役」，則作「脱衣就功」是，據改。

〔二八〕（徒）〔塗〕足　阮云：「文苑英華亦作『塗』，唐會要作『跣』。」今按：册府、太宰純本、管子小匡均作「塗」，據改。

〔二九〕郗常　新唐書儒學下有「郗常亨」，册府元龜卷七〇八作「國子博士郄恒通」，卷子本元行沖序作「郄亨」。蓋其名當作「郗恒亨」，因先後避諱而改「亨」爲「通」、易「恒」作「常」。據元行沖序，其曾預討論經旨，則與此處之「郗常」疑係一人。

〔三〇〕因親於外親　正誤：「『因』，周禮作『姻』。」今按：釋名釋親屬：「壻之父曰姻。姻，因也，女往因媒也。」戴侗六書故卷九：「婣，古通作『因』，亦作『姻』。」

〔三一〕大（古）〔上〕　正誤：「『上』誤『古』。」今按：禮記曲禮上作「上」，據改。

〔三二〕朕嘗三復斯言　注疏諸本同，阮云：「石臺本作『常』，案作『嘗』是也。」

〔三三〕公侯（百）〔伯〕子男　阮云：「閩本、監本、毛本『百』作『伯』，是也。下『百七十里』同。」是，據改。

〔三四〕（雨）〔則〕不可以涉　阮云：「正誤『雨』作『則』，屬下讀。」今按：家語三恕作「則」，文選李善注引家語同，據改。

〔三五〕釋名云酒滓曰糟浮米曰粕　現存字書及書傳訓釋中，除鈔襲此疏者外，未有以「浮米」釋「粕」者，且與情事亦不合，類篇、集韻均謂「盝糟曰粕」，疑「浮米」乃「盝（或『淥』）糟」之訛。又，此謂引自釋名，然今本釋名中無此語，畢沅釋名疏證、王先謙補所輯佚文均不收此條，蓋不以此屬釋名也，疑此處之「釋名」乃「釋文」之訛，通志堂本釋文云：「糟，李云：『酒滓也。』魄，本又作『粕』，許慎云：『粕，已漉麤糟也。』」若節略後與此引文合。

〔三六〕穀梁傳十一卷名赤魯人　阮云：「『卷』下當作『穀梁子，魯人，名赤』。」今按：此處「案漢書藝文志云」以下乃以藝文志之書名、卷數與經典釋文注解傳述人之春秋相關文字拼合成文，釋文此項自作「名赤，魯人」，阮説非。

〔三七〕（十）〔七〕録云　阮云：「案『十』當作『七』。」是，據改。

〔三八〕大毛公名（享）〔亨〕　阮云：「閩本、監本、毛本『亨』作『享』，案當作『亨』。」是，據改。

〔三九〕劉（邵）〔卲〕　正誤云：「『劉卲』，唐藝文志及釋文同，本傳作『劭』。」今按：三國志魏志本傳稱「劉劭字孔才」，四庫子部雜家類人物志提要云：「別本或作『劉劭』，或作『劉邵』，此書末有宋庠跋云：『據今官書魏志作勉劭之劭，從力，他本或從邑者，晉邑之名。按字書此二訓外別無他釋，然俱不協孔才之義，說文則爲『卲』，音同上，但召旁從卩耳，訓高也，李舟切韻訓美也，高、美又與孔才義符，揚子法言曰周公之才之卲是也。』所辨精核，今從之。」是，據改（本書下文皆據此徑改，且不再存校改符號，以省篇幅）。

〔四〇〕虞槃（佑）〔佐〕　正誤云：「『佐』誤『佑』，從隋經籍志及唐志校。」今按：「槃佐」，隋書經籍志二見，新唐書藝文志一見，册府元龜卷六〇五亦作「佐」，吴承仕經典釋文序録疏證謂：「隋志作『槃佐』，是。」據改。

〔四一〕〔宋〕荀昶　按此節文例，不同朝代學者於第一名前冠代名，前有魏、吴、晉、東晉，後有齊及漢、梁、隋，故據補。

〔四二〕述其義疏（議）〔講〕之　隋書經籍志云「炫因序其得喪，述其議疏，講於人間，漸聞朝廷」，蓋爲疏所本，則「議」乃「講」之訛，據改。

〔四三〕榮華作〔浮〕僞　阮云：「閩本、監本、毛本『作』下有『浮』字，案序文當有。」是，據補。

〔四四〕補（於）將來　嚴可均唐石經校文云：「監本、毛本『補』下有『於』，蓋校者依尚書序增耳，石臺本無『於』。」今按：岳本亦無「於」，且此節疏謂「自此至『有補將來』爲第四段」，則正義所據本亦無「於」，據刪。

〔四五〕（事）〔仕〕吴　阮云：「閩本、監本、毛本『事』作『仕』，是也。」據改。

〔四六〕著人物志百篇　今按：三國志魏志本傳稱「凡所撰述，法論、人物志之類百餘篇」，則其所著有百餘篇，非人物志有百篇，蓋疏節略史文不當所致，「志」下當補「等」字。

〔四七〕少〔好〕學博覽　注疏諸本惟殿本有「好」，義疏補亦有，蓋據南齊書本傳補。是，據補。

〔四八〕荀昶所學　今按：疏前文謂「有荀昶者撰集孝經諸説，始以鄭氏爲宗」，則此處之「學」疑爲「宗」之訛。

〔四九〕請（文）〔不〕藏秘（書）〔省〕　正誤云：「『不』誤『文』，『省』誤『書』。」今按：疏前文謂「陸澄以爲非玄所注，請不藏於秘省，王儉不依其請」，正誤説是，據改。

〔五〇〕（止）〔去〕繁苛　注疏諸本惟殿本作「去」，正誤云：「『去』誤『止』。」今按：周禮注作「去」，正誤説是，據改。

〔五一〕聯字分（強）〔疆〕　注疏諸本惟殿本作「疆」，正誤云：「『疆』誤『強』。」今按：疏此段實襲自孔穎達毛詩正義關雎，彼作「疆」，正誤説是，據改。

〔五二〕必（順）〔須〕作疏之義　注疏諸本惟殿本作「須」，阮云：「浦鏜云『順』當『須』字誤，是也。」據改。

孝經注疏卷第一

開宗明義章第一

【疏】開，張也。宗，本也。明，顯也。義，理也。言此章開張一經之宗本，顯明五孝之義理，故曰「開宗明義章」也。第，次也；一，數之始也。以此章總標，諸章以次結之，故爲第一，冠諸章之首焉。案孝經遭秦(坑)〔阬〕焚之後，爲河間顏芝所藏，初除挾書之律，芝子貞始出之。長孫氏及江翁、后倉、翼奉、張禹等所説皆十八章，及魯恭王壞孔子宅，得古文二十二章，孔安國作傳。劉向校經籍，比量二本，除其煩惑，以十八章爲定而不列名。又有荀昶集其録及諸家疏並無章名，而援神契自天子至庶人五章，唯皇侃標其目而冠於章首。今鄭注見章名，豈先有改除，近人追遠而爲之也？御注依古今、集詳議，儒官連狀題其章名，重加商量，遂依所請。「章」者明也，謂分析科段，使理章明。説文曰：「樂歌竟爲一章。」章字從音、從十，謂從一至十，十，數之終。諸書言章者，蓋因風、雅凡有科段皆謂之「章」焉。言天子、庶人雖列貴賤，而立身行道無限高卑，故次首章先陳天子，等差其貴賤以至庶人。次及三才、孝治、聖治三章，並敘德教之所由生也。紀孝行章敘孝子事親爲先，與五刑相因，即「夫孝始於事親」也。廣要道章、廣揚名章即「先王有至德要道」，「揚名於後世」也。揚名之主因諫争之臣，從諫之君必有應感，三章相次，不離於揚名。事君章即「(忠)〔中〕於事君」也。〔二〕喪親章繼於諸章之末，言孝子事親之道(紀)〔終〕也。皇侃以開宗及紀孝行、喪親等三章通於貴賤，今案諫争章大夫已上皆有争臣，而士有争友、父有争子，亦該貴賤，則通於貴賤者有四焉。

仲尼居，〔二〕仲尼，孔子字。「居」謂閒居。**曾子侍。**曾子，孔子弟子。「侍」謂侍坐。

【疏】「仲尼居曾子侍」　夫子以六經設教，隨事表名，雖道由孝生而孝綱未舉，將欲開明其道，垂之來裔。以曾參之孝先有重名，乃假因閒居，爲之陳說。自標己字，稱「仲尼居」；呼參爲子，稱「曾子侍」。建此兩句，以起師資問答之體，似若別有承受而記録之。

注「仲尼」至「閒居」　云「仲尼，孔子字」者，案家語云：「孔子父叔梁紇娶顏氏之女徵在，徵在既往廟見，以夫年長，懼不時有男，而私禱尼丘山以祈焉。孔子故名丘，字仲尼。」夫伯、仲者，長幼之次也。仲尼有兄字伯，故曰「仲」。其名則案桓六年左傳申繻曰名有五，其三曰「以類命爲象」，杜注云：「若孔子首象尼丘。」蓋以孔子生而汙頂，〔三〕象尼丘山，故名丘，字仲尼。而劉瓛述張禹之義，以爲仲者中也，尼者和也，言孔子有中和之德，故曰仲尼。殷仲文又云：「夫子深敬孝道，故稱表德之字。」及梁武帝又以丘爲聚，以尼爲和。今並不取。仲尼之先，殷之後也。案史記殷本紀曰：帝嚳之子契爲堯司徒，有功，堯封之於商，賜姓子氏。契後世孫湯滅夏而爲天子，至湯裔孫有位無道，周武王殺之，封其庶兄微子啓於宋。案家語〔又〕〔及〕孔子世家皆云：〔四〕孔子其先宋人也。宋閔公有子弗父何，〔五〕長而當立，讓其弟厲公。何生宋父周，周生世子勝，勝生正考父，正考父受命爲宋卿，生孔父嘉，嘉別爲公族，故其後以孔爲氏。或以爲用乙配子，或以滴溜穿石，其言不經，今不取也。孔父嘉生木金父，木金父生臯夷父，臯夷父生防叔，避華氏之禍而奔魯。防叔生伯夏，伯夏生叔梁紇，紇生孔子也。云「『居』謂〔問〕〔閒〕居」者，〔六〕古文孝經云「仲尼閒居」，蓋爲乘閒居而坐，與論語云「居，吾語汝」義同，而與下章「居則致其敬」不同。

注「曾子」至「侍坐」　云「曾子，孔子弟子」者，案史記仲尼弟子傳稱：「曾參，南武城人，字子輿，少孔子四十六歲。孔子以爲能通孝道，故授之業，作孝經，死於魯。」故知是仲尼弟子也。云「『侍』謂侍坐」者，言侍孔子而坐也。案古文云「曾子侍坐」，故知「侍」謂侍坐也。卑者在尊側曰侍，故經謂之「侍」。凡侍有坐有立，此「曾子侍」即侍坐也，曲禮有「侍坐於（侍）〔先〕生」、〔七〕「侍坐於所尊」、「侍坐於君子」。據此而言，明侍坐於夫子也。

子曰：先王有至德要道，以順天下，民用和睦，上下無怨。孝者，德之至、道之要也。言先代聖德之主能順天下人心，行此至要之化，則上下臣人和睦無怨。汝知之乎？

曾子避席曰：參不敏，何足以知之？參，曾子名也。禮，師有問，避席起答。敏，達也。言參不達，何足知此至要之義。

子曰：夫孝，德之本也，人之行莫大於孝，故爲德本。教之所由生也。言教從孝而生。復坐，吾語汝。曾參起對，故使復坐。

【疏】「子曰」至「語汝」。「子」者，孔子自謂。案公羊傳云：「子者，男子通稱也。」古者謂師爲子，故夫子以子自稱。「曰」者，辭也。言先代聖帝明王皆行至美之德、要約之道，以順天下人心而教化之，天下之人被服其教，用此之故，並自相和睦，上下尊卑無相怨者。參，汝能知之乎？又假言參聞夫子之說，乃避所居之席，起而對曰：參性不聰敏，何足以知先王至德要道之言（義）〔哉〕？既敘曾子不知，夫子又爲釋之曰：夫孝，德行之根本也。〔此〕釋「先王有至德要道」，謂至德要道元出於孝，孝爲之本也。云「教之所〔由〕生也」者，〔八〕此釋「以順天下，民用和睦，上下無怨」，謂王教由孝而生也。孝道深廣，非立可終，故使復坐，吾語汝也。

注「孝者」至「無怨」　云「孝者，德之至、道之要也」者，依王肅義。德以孝而至，道以孝而要，是道德不離於孝。殷仲文曰：「窮理之至，以一管衆爲要。」

〔注「參曾」至「之義」〕　劉炫曰：「性未達，何足知？」然性未達，〔九〕何足知至要之義者，謂自云性不達，何足知此先王至德要道之義也。

注「人之」至「德本」　此依鄭注引其聖治章文也，言孝行最大，故爲德之本也。「德」則至德也。

注「言教從孝而生」　此依韋注也。案禮記祭義稱曾子云：「衆之本教曰孝。」尚書「敬敷五教」，解者謂教父以義、教母以慈、教兄以友、教弟以恭、教子以孝。舉此則其餘順人之教皆可知也。

注「曾參」至「復坐」　此義已見於上。

身體髮膚，受之父母，不敢毀傷，孝之始也；父母全而生之，己當全而歸之，故不敢毀傷。立身行道，揚名於後世，以顯父母，孝之終也。言能立身行此孝道，自然名揚後世，光（顯）〔榮〕其親，〔一〇〕故行孝以不毀爲先、揚名爲後。

【疏】「身體」至「終也」　「身」謂躬也，「體」謂四支也，「髮」謂毛髮，「膚」謂皮膚。禮運曰「四體既正，膚革充盈」，詩曰「鬒髮如雲」，此則「身體髮膚」之謂也。言爲人子者常須戒慎，戰戰兢兢，恐致毀傷，此行孝之始也。又言孝行非唯不毀而已，須成立其身，使善名揚於後代，以光榮其父母，此孝行之終也。若行孝道不至揚名榮親，則未得爲立身也。

注「父母」至「毀傷」　云「父母全而生之，己當全而歸之」者，此依鄭注引祭義樂正子春之言也。言子之初生，受全體於父母，故當常自念慮，至死全而歸之，若曾子啓手、啓足之類是也。云「故不敢毀傷」者，「毀」謂虧辱，「傷」謂損傷。故夫子云「不虧其體，不辱其身，可謂全矣」，及鄭注周禮「禁殺戮」云「見血爲傷」是也。

注「言能」至「(其)〔爲〕後」〔一一〕 云「言能立身行此孝道」者，謂人將立其身，先須行此孝道也。其行孝道之事，則下文「始於事親，中於事君」是也。云「自然名揚後世，光榮其親」者，皇侃云：「若生能行孝，没而揚名，則身有德譽，乃能光榮其父母也。」因引祭義曰「孝也者，國人稱願，然曰『幸哉！有子如此』」，又引哀公問稱「孔子對曰：君子也者，人之成名也，百姓歸之名，謂之君子之子，是使其親爲君子也」，此則揚名榮親也。云「故行孝以不毁爲先」者，全其身爲孝子之始也；云「揚名爲後」者，謂後行孝道爲孝之終也。夫不敢毁傷，闔棺乃止，立身行道，弱冠須明。經雖言其始終，此略示有先後，非謂不敢毁傷唯在於始，立身〔行道〕獨在於終也，明不敢毁傷、立身行道，從始至末，兩行無怠。此於次有先後，非於事理有終始也。

夫孝，始於事親，中於事君，終於立身。

言行孝以事親爲始，事君爲中，忠孝道著，乃能揚名榮親，故曰「終於立身」也。

【疏】「夫孝」至「立身」 夫爲人子者，先能全身而後能行其道也。夫行道者，謂先能事親而後能立其身。前言立身，(末)〔未〕示其迹。〔一二〕其迹，始者在於内事其親也，中者在於出事其主，忠孝皆備，揚名榮親，是「終於立身」〔也〕。〔一三〕

注「言行」至「身也」 云「言行孝以事親爲始，事君爲中」者，此釋「始於事親，中於事君」也。云「忠孝道著，乃能揚名榮親，故曰『終於立身』也」者，此釋「終於立身」也。然能事親、事君，理兼士庶，則終於立身(此)〔亦〕通貴賤焉。鄭玄以爲「父母生之，是事親爲始；四十强而仕，是事君爲中；七十致仕，是立身爲終也」者，劉炫駁云：「若以始爲在家，終爲致仕，則兆庶皆能有始，人君所以無終。若以年七十者始爲孝終，不致仕者皆爲不立，則中壽之輩盡曰不終，顏子之流亦無所立矣。」

大雅云：「無念爾祖，聿修厥德。」詩大雅也。無念，念也。聿，述也。厥，其也。義取恒念先祖，述修其德。

【疏】「大雅」至「厥德」　夫子敘述立身行道揚名之義既畢，乃引大雅文王之詩以結之。言凡爲人子孫者，常念爾之先祖，(常)〔當〕述修其功德也。

注「詩大」至「其德」　云「無念，念也」，「聿，述也」，此並毛傳文；「厥，其也」，釋言文。云「義取恒念先祖，述修其德」者，此依孔傳也，謂述修先祖之德而行之。此經有十一章引詩及書，劉炫云：「夫子敘經，申述先王之道。詩、書之語，事有當其義者，則引而證之，示言不虛發也。七章不引者，或事義相違，或文勢自足，則不引也。五經唯傳引詩，而禮則雜引詩、書及易並意及則引。若泛指，則云『詩曰』、『詩云』；若指四始之名，即云國風、大雅、小雅、魯頌、商頌；若指篇名，即言『(句)〔勺〕曰』、〔一四〕『武曰』，皆隨所便而引之，無定例也。」鄭注云：「雅者，正也。方始發章，以正爲始。」亦無取焉。

天子章第二

【疏】前開宗明義章雖通貴賤，其迹未著，故此已下至於庶人凡有五章，謂之「五孝」，各說行孝奉親之事而立教焉。天子至尊，故標居其首。案禮記表記云「惟天子受命於天」，故曰天子；白虎通云「王者父天母地」，亦曰天子。〔一五〕

虞、夏以上未有此名，殷、周以來始謂王者爲天子也。

子曰：愛親者不敢惡於人，博愛也。敬親者不敢慢於人。廣敬也。愛敬盡於事親，而德教加於百姓，刑于四海，刑，法也。君行博愛、廣敬之道，使人皆不慢惡其親，則德教加被天下，當爲四夷之所法則也。蓋天子之孝也。蓋猶略也。孝道廣大，此略言之。

【疏】「子曰」至「孝也」　此陳天子之孝也。所謂「愛親」者，是天子身行愛敬也。「不敢惡於人」、「不敢慢於人」者，是天子施化，使天下之人皆行愛敬，不敢慢惡於其親也。「親」謂其父母也。言天子豈唯因心内恕，克己復禮，自行愛敬而已，亦當設教施令，使天下之人不慢惡於其父母，如此則至德要道之教加被天下，亦當使四海蠻夷慕化而法則之，此蓋是天子之行孝也。孝經援神契云「天子孝曰『就』」，言德被天下，澤及萬物，始終成就，榮其祖考也。五等之孝，惟於天子章稱「子曰」者，皇侃云：「上陳天子極尊，下列庶人極卑，尊卑既異，恐嫌爲孝之理有别，故以一『子曰』通冠五章，明尊卑貴賤有殊，而奉親之道無二。」

注「博愛也」　此依魏注也。博，大也。言君愛親，又施德教於人，使人皆愛其親，不敢有惡其父母者，是博愛也。

注「廣敬也」　此依魏注也。廣亦大也。言君敬親，又施德教於人，使人皆敬其親，不敢有慢其父母者，是廣敬也。孔傳以人爲天下衆人，言君愛敬己親則能推己及物，謂有天下者愛敬天下之人，有一國者愛敬一國之人也。不惡者，爲君常思安人，爲其興利除害則上下無怨，是爲至德也；不慢者，則曲禮曰「毋不敬」，書曰「爲人上者奈何不敬」，君能不慢於人，修己以安百姓則千萬人悦，是爲要道也。上施德教，人用和睦，則分崩離析無由而生也。案禮記祭義稱「有虞氏貴德而尚齒，夏后氏貴爵而尚齒，殷人貴富而尚齒，周人貴親而尚齒。虞、夏、殷、周，天下之盛王也，未有遺年者。年之貴乎天下久矣，次乎事親也。」斯亦不敢慢於人也。所以於天子章明愛敬者，王肅、韋昭云：「天子居四海之上，爲教訓之主，爲教易行，故寄易行者宣之。」然愛之與敬，解者衆多。(沈)〔袁〕宏云：〔一六〕「親至結心爲愛，崇恪表迹爲敬。」劉炫云：「愛惡俱在於心，敬慢並見於貌。愛者隱惜而結於內，敬者嚴肅而形於外。」皇侃云：「愛敬各有心、迹，烝烝至惜是爲愛心，温(清)〔凊〕搔摩是爲愛迹；〔一七〕肅肅悚慄是爲敬心，拜伏擎跪是爲敬迹。」舊説云：「愛生於真，敬起自嚴。孝是真性，故先愛後敬也。」舊問曰：「天子以愛敬爲孝，及庶人以躬耕爲孝，(王)〔五〕者並相通否？」〔一八〕梁王答云：「天子既極愛敬，必須五等行之，然後乃成。庶人雖在躬耕，豈不愛敬及不驕，不溢已下事邪？以此言之，五等之孝(反)〔互〕相通也。」然諸侯言保社稷，大夫言守宗廟，士言保其禄位而守其祭祀，以(則)〔例〕言之，〔一九〕天子當云保其天下，庶人當言保其田農，此略之不言，何也？左傳曰「天子守在四夷」，故「愛敬盡於事親」之下，而言「德教加於百姓，刑于四海」，保守之理已定，不煩更言保也。庶人用天之道，分地之利，謹身節用，保守田農不離於此，既無守任，不假(旨)〔言〕保守也。〔二〇〕

注「刑法」至「則也」　「刑，法也」，釋詁文。云「君行博愛、廣敬之道，使人皆不慢惡其親」者，是天子愛敬盡於事親，又施德教，使天下之人皆不敢慢惡其親也。云「則德教加被(於)天下」者，釋「刑于四海」也。「百姓」謂天下之人皆有族姓，言百，舉其多也。尚書云「平章百姓」，則謂百姓爲百官，爲下有「黎民」之文，所以百姓非兆庶也。此經「德教加於百姓」，則謂天下百姓，爲與「刑于四海」相對。「四海」既是四夷，則此「百姓」自然是天下兆庶也。經典通謂四夷爲「四海」。案周禮、〔禮〕記、爾雅皆言東夷、西戎、南蠻、北狄謂之四夷，或云「四海」，故注以四夷釋「四海」也。孫炎曰：「海者，晦暗無知也。」

注「蓋猶」至「略言之」　此依魏注也。案孔傳云：「『蓋』者，辜較之辭。」劉炫云：「辜較猶梗概也。孝道既廣，此纔舉其大略也。」劉瓛云：「『蓋』者，不終盡之辭。明孝道之廣大，此略言之也。」皇侃云：「略陳如此，未能究竟。」是也。鄭注云：「『蓋』者，謙辭。」據此而言，「蓋」非謙也。劉炫駁云：「若以制作須謙，則庶人亦當謙矣；苟以名位須謙，夫子曾爲大夫，於士何謙而亦云『蓋』也？斯則卿士以上之言，『蓋』者並非謙辭可知也。」

甫刑云：「一人有慶，兆民賴之。」

甫刑即尚書吕刑也。一人，天子也。慶，善也。十億曰兆。義取天子行孝，兆人皆賴其善。

【疏】「甫刑」至「賴之」　夫子述天子之行孝既畢，乃引尚書甫刑篇之言以結成其義。慶，善也。言天子一人有善，則天下兆庶皆倚賴之也。善則愛敬是也。「一人有慶」，結「愛敬盡於事親」已上也；「兆民賴之」，結「而德教加於百姓」已下也。

注「甫刑」至「其善」　云「甫刑即尚書吕刑也」者，尚書有吕刑而無甫刑也。案禮記緇衣篇孔子兩引甫刑辭，與吕刑無別，則孔子之代以「甫刑」命篇明矣。今尚書爲「吕刑」者，孔安國云：「後爲甫侯，故稱『甫刑』。」知者，以詩大雅崧高之篇宣王之詩，云「生甫及申」，揚之水爲平王之詩，云「不與我(戊)〔戍〕甫」，〔二〕明子孫改封爲甫侯，不知因吕國改作「甫」名，不知别封餘國而爲「甫」號。然子孫封甫，穆王時未有「甫」名，而稱爲「甫刑」者，後人以子孫之國號名之也，猶若叔虞初封於唐，子孫封晉，而史記稱「晉世家」也。劉炫以爲「遭秦焚書，各信其學，後人不能改正而兩存之也」者，非也。諸章皆引詩，此章獨引書者，以孔子之言布在方策，言必皆引詩、書證事，示不馮虛説，義當詩意則引詩，義當易意則引易。此章與書意義相契，故引爲證也。鄭注以書録王事，故證天子之章，以爲引類得象。然引大雅證大夫、引曹風證聖治，豈引類得象乎？此不取也。云「一人，天子也」者，依孔傳也。舊説：「天子自稱則言『予一人』。予，我也。言我雖身處上位，猶是人中之一耳，與人不異，是謙也。若臣人稱之則惟言

『一人』，言四海之内惟一人，乃爲尊稱也。」天子者帝王之爵，猶公、侯、伯、子、男五等之稱。云「慶，善也」，書傳通〔訓〕也。云「十億曰兆」者，古數爲然。云「義取天子行孝，兆人皆賴其善」者，釋「一人有慶，兆民賴之」也。姓言百、民稱兆，皆舉其多也。

校勘記

〔一〕（忠）〔中〕於事君　正誤云：「『中』誤『忠』。」今按：注疏諸本惟殿本作「中」，此引經文，下文正作「中於事君」，正誤説是，據改。

〔二〕仲尼居　釋文云：「居，説文作『凥』，音同。」阮福云：「説文『凥』乃許氏受衛宏之真古文孝經。」

〔三〕孔子生而汙頂　阮云：「史記孔子世家作『圩』，音烏，窊也。白虎通姓名篇云『孔子首類尼丘山』，蓋中低而四旁高如屋宇之反，則作『圩』是也。」今按：疏此句襲自桓六年左傳正義，彼亦作「汙」。爾雅釋丘「水潦所止，泥丘」，注：「頂上汙下者。」釋文謂：「泥，乃兮反，依字作『尼』，又作『坭』。汙音烏。」則汙、圩音義皆同，無煩改字。

〔四〕（又）〔及〕孔子世家　正誤云：「『又』當『及』字誤。」今按：注疏諸本惟殿本作「及」，據改。

〔五〕宋閔公有子弗父何　阮云：「正誤『閔』作『襄』，是也。」今按：左傳昭七年「弗父何以有宋而授厲公」，杜注：「弗父何，孔父嘉之高祖，宋閔公之子、厲公之兄，何適嗣當立，以讓厲公。」孔子家語觀周「其祖弗父何始有國而受厲公」，王肅注：「弗父何，緡公世子、厲公兄也，讓國以授厲公。」則作「閔」是，阮説非。又，家語本姓「宋公生丁公申，申公生緡公共及襄公熙，熙生弗父何」，昭七年左傳正義「家語本姓篇云『宋湣公熙生弗父何』」，江永鄉黨圖考卷二謂：「昭七年左傳正義引家語與今本不同，其言湣公是也，湣公名共而云熙，蓋家語傳寫各有誤耳。」

〔六〕居謂（問）〔閒〕居　據注疏諸本改。

〔七〕侍坐於（侍）〔先〕生　阮云：「閩本、監本、毛本作『先』，此本誤『侍』，今改正。」是，據改。

〔八〕教之所〔由〕生也　阮云：「案正誤『生』上補『由』字，是也。」據補。

〔九〕劉炫曰性未達何足知然性未達　正誤謂「劉炫曰性未達何足知然」十字「當爲衍文，或『此依劉注也』五字之誤」，阮云：「盧文弨校本於『何足知』下補『此依劉注也』五字」，而「然性未達」之「然」字「當『言』字之譌」。今按：「劉炫曰性未達」云云釋注「言參不達，何足知此至要之義」而徑接於「以一管衆爲要」下，中間顯有脱誤，而正誤、阮校之説均感未妥，故僅補本條疏之導語而文仍其舊，以待後賢。

〔一〇〕光（顯）〔榮〕其親　阮云：「石臺本、岳本『顯』作『榮』，案正義亦作『榮』。」今按：卷子本亦作「榮」，據改。

〔一一〕至（其）〔爲〕後　阮云：「閩本、監本、毛本『其』作『爲』，案注當作『爲』。」是，據改。

〔一二〕（末）〔未〕示其迹　阮云：「閩本、監本、毛本『末』作『未』，是也。」據改。

〔一三〕是終於立身〔也〕　阮云：「正誤『身』下補『也』字，是也。」據補。

〔一四〕（句）〔勺〕曰　阮云：「監本、毛本作『勺』，是也。」據改。

〔一五〕亦曰天子　阮云：「正誤『亦』作『故』，是也。」今按：疏云「禮記表記云『惟天子受命於天』，故曰天子」；白虎通云『王者父天母地』，亦曰天子」，是謂「天子」有兩義，或以「受命於天」，或以「父天母地」，故後句稱「亦曰」，阮説非。

〔一六〕（沈）〔袁〕宏　阮云：「浦鏜云：按陸氏注解傳述人當『袁宏』之誤。」是，據改。

〔一七〕溫(清)〔凊〕搔摩　阮云：「閩本、監本、毛本『清』作『凊』，是也。」據改。

〔一八〕(王)〔五〕者並相通　阮云：「案『王』宜作『五』。」是，據改。

〔一九〕以(則)〔例〕言之　注疏諸本惟殿本作「例」，正誤云：「『則』疑『例』字誤。」是，據改。

〔二〇〕不假(旨)〔言〕保守　阮云：「浦鏜云：『旨』疑『言』字誤。案當作『言』。」今按：殿本亦改作「言」，據改。

〔二一〕不與我(戊)〔戍〕甫　據詩王風揚之水及注疏諸本改。

諸侯章第三

【疏】次天子之貴者諸侯也。案釋詁云：「公、侯，君也。」不曰「諸公」者，嫌涉天子三公也，故以其次稱爲諸侯，猶言諸國之君也。皇侃云「以侯是五等之第二，下接伯、子、男，故稱『諸侯』」，今不取也。

在上不驕，高而不危；諸侯，列國之君，貴在人上，可謂高矣，而能不驕則免危也。制節謹度，滿而不溢。費用約儉謂之「制節」，慎行禮法謂之「謹度」。無禮爲驕，奢泰爲溢。高而不危，所以長守貴也；滿而不溢，所以長守富也。富貴不離其身，然後能保其社稷而和其民人，列國皆有社稷，其君主而祭之。言富貴常在其身，則長爲社稷之主，而人自和平也。蓋諸侯之孝也。

【疏】「在上」至「孝也」。夫子前述天子行孝之事已畢，次明諸侯行孝也。言諸侯在一國臣人之上，其位高矣，高者危懼，若能不以貴自驕，則雖處高位終不至於傾危也。積一國之賦稅，其府庫充滿矣，若制立節限，慎守法度，則雖充滿而不至盈溢也。「滿」謂充實，「溢」謂奢侈。書稱「位不期驕，禄不期侈」，是知貴不與驕期而驕自至，富不與侈期而侈自來。言諸侯貴爲一國(人)〔之〕主，富有一國之財，故宜戒之也。又複述不危、不溢之義，言居高位而不傾危，所以常守其貴；財貨充滿而不盈溢，所以長守其富。使富貴長久，不去離其身，然後乃能安其國之社稷，而協和所統之臣人，謂社稷以此安，臣人以此和也。言此上所陳，蓋是諸侯之行孝也。皇侃云：「民是廣及無知，人是稍識仁義，即府史之徒，故言『民人』，明遠近皆和悦也。」援神契云「諸侯行孝曰『度』」，言奉天子之法度，得不危溢，是榮其先祖也。

注「諸侯」至「危也」　云「諸侯，列國之君」者，經典皆謂天子之國爲王國，諸侯之國爲列國。詩云「思皇多士，生此王國」，則天子之國也；左傳魯孫叔豹云「我列國也」，鄭子產云「列國一同」，是諸侯之國也。「列國」者，言其國君皆以爵位尊卑及土地大小而敘列焉，五等皆然。云「貴在人上，可謂高矣」者，言諸侯貴在一國臣人之上，其位高也。云「而能不驕則免危也」者，言其爲國以禮，能不陵上慢下則免傾危也。

注「費用」至「爲溢」　云「費用約儉謂之『制節』」者，此依鄭注釋「制節」也。謂費國之財以供己用，每事儉約，不爲華侈，則論語「道千乘之國」云「節用而愛人」是也。云「慎行禮法謂之『謹度』」者，此釋「謹度」也。言不可奢僭，當須慎行禮法，無所乖越，動合典章。皇侃云：「謂宫室、車旗之類皆不奢僭也。」「無禮爲驕，奢泰爲溢」者，皆謂華侈放恣也。前未解「驕」，今於此注與「溢」相對而釋之，言「無禮」謂陵上慢下也。皇侃云：「在上不驕以戒貴，應云居財不奢以戒富。若云制節謹度以戒富，亦應云制節謹身以戒貴。此不例者，互其文也。」但驕由居上，故戒貴云「在上」；溢由無節，故戒富云「制節」也。

注「列國」至「平也」　「列國」已具上釋。云「皆有社稷」者，韓詩外傳云：「天子大社，〔一〕東方青，南方赤，西方白，北方黑，中央黄土。若封四方諸侯，各割其方色土，苴以白(苴)〔茅〕而與之。〔二〕諸侯以此土封之爲社，明受於天子也。」社則土神也。經典所論，社稷皆連言之，皇侃以爲稷五穀之長，亦爲土神。據此稷亦社之類也，言諸侯有社稷乃有國，無社稷則無國也。云「其君主而祭之」者，案左傳曰「君人者，社稷是主」，社稷因地，故以「列國」言之；祭必由君，故以「其君」言之。云「言富貴常在其身」者，此依王注釋「富貴不離其身」也；「則長爲社稷之主」者，釋「保其社稷」也；云「而人自和平也」者，釋「而和其民人」也。然經上文先貴後富，言因貴而富也；下複之富在貴先者，此與易繫辭「崇高莫大乎富貴」，老子云「富貴而驕」，皆隨便而言之，非富合先於貴也。經傳之言社稷多矣，案左傳曰「共工氏之子曰勾龍，爲后土，后土爲社；有烈山氏之子曰柱，爲稷，自夏以上祀之。周棄亦爲稷，自商以來祀之」，言勾龍、柱、棄配社稷而祭之，(即)〔則〕勾龍、柱、棄非社稷也。又條牒云「稷壇在社西，俱北鄉並列，同營共門」，並如條之説。

詩云：「戰戰兢兢，如臨深淵，如履薄冰。」戰戰，恐懼。兢兢，戒慎。臨深恐墜，履薄恐陷，義取爲君恒須戒(慎)〔懼〕。〔三〕

【疏】「詩云」至「薄冰」 夫子述諸侯行孝終畢，乃引小雅小旻之詩以結之。言諸侯富貴不可驕溢，常須戒懼，故戰戰兢兢，常如臨深履薄也。

注「戰戰」至「戒懼」 此依鄭注也。案毛詩傳云：「戰戰，恐也。兢兢，戒也。」此注「恐」下加「懼」，「戒」下加「慎」，足以圓文也。云「臨深恐墜，履薄恐陷」者，亦毛詩傳文也。「恐墜」謂墜入深淵不可復出，「恐陷」謂没在冰下不可拯濟也。云「義取爲君常須戒(慎)〔懼〕」者，引詩大意如此。

卿大夫章第四

【疏】次諸侯之貴者即卿大夫焉。説文云：「卿，章也。」白虎通云：「卿之爲言章也，章善明理也。」大夫之爲言大扶，扶進人者也。故傳云：「進賢達能謂之(卿)大夫。」王制云「上大夫，卿也」，又典命云「王之卿六命，其大夫四命」，則爲卿與大夫異也，今連言者，以其行同也。

非先王之法服不敢服，服者身之表也，先王制五服，各有等差。言卿大夫遵守禮法，不敢僭上偪下。非先王之法言不敢道，非先王之德行不敢行。「法言」謂禮法之言，「德行」謂道德之行。若言非法、行非德，則虧孝道，故不敢也。是故非法不言，非道不行。言必守法，行必遵道。口無擇言，身無擇行，言行皆遵法、道，所以無可擇也。言滿天下無口過，行滿天下無怨惡。禮法之言，焉有口過？道德之行，自無怨惡。三者備矣，然後能守其宗廟，三者，服、言、行也。禮，卿大夫立三廟，以奉先祖。言能備此三者，則能長守宗廟之祀。蓋卿大夫之孝也。

【疏】「非先王」至「孝也」。夫子述諸侯行孝之事終畢，次明卿大夫之行孝也。言大夫委質事君，學以從政，立朝則接對賓客，出聘則將命他邦，服飾、言行須遵禮典。〔若〕非先王禮法之衣服則不敢服之於身，若非先王禮法之言辭則不敢道之於口，若非先王道德之景行亦不敢行之於身。就此三事之中，言、行尤須重慎。是故非禮法則不言，非道德則不行。所以口無可擇之言，身無可擇之行也，使言滿天下無口過，行滿天下無怨惡。服飾、言、行三者無虧，然後乃能守其先祖之宗廟，蓋是卿大夫之行孝也。援神契云「卿大夫行孝曰『譽』」，蓋以聲譽爲義，謂言行布滿天下能無怨惡，遐邇稱譽，是榮親也。舊説云：「天子、諸侯各有卿大夫。」此章既云言行滿於天下，又引詩云

「夙夜匪懈，以事一人」，是舉天子卿大夫也。天子卿大夫尚爾，則諸侯卿大夫可知也。

注「服者」至「偪下」「服者身之表也」者，此依孔傳也。左傳曰「衣，身之章也」，彼注云「章貴賤」，言服飾所以章其貴賤，章則表之義也。云「先王制五服，各有等差」者，案尚書臯陶篇曰「天命有德，五服五章哉」，孔傳云：「五服，天子、諸侯、卿、大夫、士之服也，尊卑采章各異。」是有等差也。云「言卿大夫遵守禮法，不敢僭上偪下」者，「僭上」謂服飾過制，僭擬於上也；「偪下」謂服飾儉固，偪迫於下也。卿大夫言必守法，行必遵德，服飾須合禮度，無宜僭偪，故劉炫引禮證之曰「君子上不僭上，下不偪下」是也。又案尚書益稷篇稱命禹曰「予欲觀古人之象，日、月、星辰、山、龍、華蟲，作會宗彝，藻、火、粉、米、黼、黻絺繡，以五采章施于五色作服，汝明」，孔傳曰：「天子服日、月而下，諸侯自龍衮而下，至黼、黻，（七）〔士〕服藻、（四）火，大夫加粉、米。上得兼下，下不得僭上。」此古之天子冕服十二章，以日、月、星辰及山、龍、華蟲六章畫於衣，衣法於天，畫之爲陽也；以藻、火、粉、米、黼、黻六章繡之於裳，裳法於地，繡之爲陰也。日、月、星辰取照臨於下，山取興雲致雨，龍取變化無窮，華蟲謂雉取耿介，藻取文章，火取炎上以助其德，粉取絜白，米取能養，黼取斷割，黻取背惡鄉善，皆爲百王之明戒，以益其德。諸侯自龍衮而下八章也，四章畫於衣，四章繡於裳。大夫藻、火、粉、米四章也，二章畫於衣，二章繡於裳。孔安國蓋約夏、殷章服爲説，周制則天子冕服九章，象陽之數極也。案鄭注周禮司服稱「至周而以日、月、星辰畫於旌旗，所謂『三辰旂旗，昭其明也』」，又云：「登龍於山，登火於宗彝，尊其神明也。」古文以山爲九章之首，火在宗彝之下，周制以龍爲九章之首，火在宗彝之上，是「登龍於山，登火於宗彝」也。又案司服云「王祀昊天上帝則服大裘而冕，祀五帝亦如之，享先王則衮冕，享先公、饗、射則鷩冕，祀四望山川則毳冕，祭社稷、五祀則絺冕，群小祀則玄冕」，而冕服九章也。又案鄭注：「九章，初一曰龍、次二曰山、次三曰華蟲、次四曰火、次五曰宗彝，皆畫以爲繢；次六曰藻、次七曰粉米、次八曰黼、次九曰黻，皆絺以爲繡，則衮之衣五章、裳四章，凡九也。鷩畫以雉，謂華蟲也，其衣三章、裳四章，凡七(章)〔也〕。〔五〕毳畫虎蜼，謂宗彝也，其衣三章，裳二章，凡五也。絺刺粉米，無畫也，其衣一章，裳二章，凡三也。玄者衣無(衣)〔文〕，〔六〕裳刺黻而已，是以謂『玄』焉。凡冕服，皆玄衣纁裳。」又案司服「公之服自衮冕而下，如王之服；侯、伯之服自鷩冕而下，子、男之服自毳冕而下，卿大夫之服自玄冕而下；士之服自皮弁而下，如大夫之服」，則周自公、侯、伯、子、男，其服之章數又與古之象服差矣。

注「法言」至「敢也」　「『法言』謂禮法之言」者，此則論語云「非禮勿言」是也。云「『德行』謂道德之行」者，即論語云「志於道，據於德」是也。「若言非法、行非德」者，即王制云「言僞而辯，行僞而堅」是也。云「則虧孝道，故不敢也」者，釋所以不敢之意也。

注「言必」至「遵道」　此依正義釋「非法不言，〔七〕非道不行」也。

注「言行」至「擇也」　言不守禮法，行不遵道德，皆已而法〔去〕之。經言「無擇」，謂令言行無可擇也。

注「禮法」至「怨惡」　口有過惡者，以言之非禮法；行有怨惡者，以所行非道德也。若言必守法，行必遵道，則口無過，怨惡無從而生。

注「三者」至「之祀」　云「三者，服、言、行也」者，此謂法服、法言、德行也。然言之與行，君子所最(謂)〔謹〕，〔八〕出己加人，發邇見遠。出言不善，千里違之；其行不善，譴辱斯及。故首章一敘不毀而再敘立身，此章一舉法服而三復言行也，則知表身者以言行，不虧，不毀猶易，立身難備也。皇侃云：「初陳教本，故舉三事。服在身外可見，不假多戒；言行出於內府難明，必須備言。最於後結，宜應總言。」謂人相見，先觀容飾，次交言辭，後(謂)〔論〕德行，故言三者以服爲先，德行爲後也。云「禮，卿大夫立三廟」者，義見末章。云「以奉先祖」者，謂奉事其祖考也。云「言能備此三者，則能長守宗廟之祀」者，謂卿大夫若能備服飾、言、行，(故)〔則〕能守宗廟也。

詩云：「夙夜匪懈，以事一人。」夙，早也。懈，惰也。〔九〕義取爲卿大夫能早夜不惰，敬事其君也。

【疏】「詩云」至「一人」　夫子既述卿大夫行孝終畢，乃引大雅烝民之詩以結之。言卿大夫當早起夜寐，以事天子，不得懈惰。匪猶不也。

注「夙早」至「君也」　「夙，早也」，釋(古)〔詁〕文；〔一〇〕「懈，惰也」，釋言文。云「義取爲卿大夫能早夜不惰」者，引詩大意如此。云「敬事其君也」者，釋「以事一人」，不言天子而言君者，欲通諸侯、卿大夫也。

士章第五

【疏】次卿大夫者即士也。案說文曰：「數始於一，終於十。孔子曰：『(惟)〔推〕一(答)〔合〕十爲士。』」〔一一〕毛詩傳曰：「士者，事也。」白虎通曰：「士者，事也，任事之稱也。」故禮辨名記曰：「士者，任事之稱也，傳曰：通古今、辨然不然謂之『士』。」

資於事父以事母而愛同，資於事父以事君而敬同，資，取也。言愛父與母同，敬父與君同。故母取其愛而君取其敬，兼之者父也。言事父兼愛與敬也。故以孝事君則忠，移事父孝以事於君則爲忠矣。以敬事長則順。移事兄敬以事於長則爲順矣。忠順不失，以事其上，然後能保其祿位而守其祭祀，能盡忠順以事君長，則常安禄位、永守祭祀。蓋士之孝也。

【疏】「資於」至「孝也」　夫子述卿大夫行孝之事終，次明士之行孝也。言士始升公朝，離親入仕，故此敘事父之愛敬，宜均事母與事君，以明割恩從義也。「資」者，取也。取於事父之行以事母，則愛父與愛母同；取於事父之行以事君，則敬父與敬君同。母之於子，先取其愛；君之於臣，先取其敬，皆不奪其性也。若兼取愛敬者，其惟父乎。既説愛敬取捨之理，遂明出身入仕之行。「故」者，連上之辭也。謂以事父之孝移事其君則爲忠矣，以事兄之敬移事於長則爲順矣。「長」謂公卿大夫，言其位長於士也。又言事上之道在於忠順，二者皆能不失，則可事上矣。「上」謂君與長也，言以忠順事上，然後乃能保其禄秩官位，而長守先祖之祭祀，蓋士之孝也。援神契云「士行孝曰『究』」，以明審爲義，當須能明審資親事君之道，是能榮親也。白虎通云：「天子之士獨稱元士，蓋士賤，不得體君之尊，故加『元』以別於諸侯之士也。」此直言士，則諸侯之士。前言大夫是戒天子之大夫，〔則〕諸侯之大夫可知也；此章戒諸侯之士，則天子之士亦可知也。

注「資取」至「君同」　云「資，取也」，此依孔傳也。案鄭注表記、考工記，並同訓「資，取也」。云「言愛父與母同，敬父與君同」者，謂事母之愛、事君之敬，並同於父也。然愛之與敬俱出於心，君以尊高而敬深，母以鞠育而愛厚。劉炫曰：「夫親至則敬不極，此情親而恭少；尊至則愛不極，此心敬而恩殺也，故敬極於君、愛極於母。」梁王云：「天子章陳愛敬以辨化也，此章陳愛敬以辨情也。」

注「言事」至「敬也」　此依王注也。劉炫曰：「母親至而尊不至，豈則尊之不極也；君尊至而親不至，豈則親之不極也。惟父既親且尊，故曰『兼』也。」劉瓛曰：「父情天屬，尊無所屈，故愛敬雙極也。」

注「移事」至「忠矣」　此依鄭注也。揚名章云「君子之事親孝，故忠可移於君」是也。舊説云：「入仕本欲安親，非貪榮貴也，若用安親之心則爲忠也，若用貪榮之心則非忠也。」嚴植之曰：「上云君父敬同，則忠孝不得有異。」言以至孝之心事君必忠也。

注「移事」至「順矣」　此依鄭注也。下章云「事兄悌，故順可移於長」，注不言悌而言敬者，順經文也。左傳曰「兄愛弟敬」，又曰「弟順而敬」，則知悌之與敬，其義同焉。尚書云「邦伯師長」，安國曰：「衆長，公卿也。」則知大夫已上皆是士之長。

注「能盡」至「祭祀」　謂能盡忠順以事君長，則能保其禄位也。「禄」謂廪食，「位」謂爵位。廣雅曰：「位，涖也。」涖下爲位。王制云「上農夫食九人」，謂諸侯之下士視上農夫，中士倍下士，上士倍中士。「祭」者，際也，人神相接，故曰際也。「祀」者，似也，謂祀者似將見先人也。士亦有廟，經不言耳。大夫既言宗廟，士可知也；士言祭祀，則大夫之祭祀亦可知也，皆互以相明也。諸侯言「保其社稷」，大夫言「守其宗廟」，士則「保」、「守」並言者，皇侃云：「稱『保』者安鎮也，『守』者無近也。社稷、禄位是公，故言『保』；宗廟、祭祀是私，故言『守』也。士初得禄位，故兩言之也。」

詩云：「夙興夜寐，無忝爾所生。」忝，辱也。「所生」謂父母也。義取早起夜寐，無辱其親也。

【疏】「詩云」至「所生」　夫子述士行孝畢，乃引小雅小宛之詩以證之也。言士行孝，當早起夜寐，無辱其父母也。

注「忝辱」至「親也」　云「忝，辱也」，釋言文。「『所生』謂父母也」，下章云「父母生之」是也。云「義取早起夜寐，無辱其親也」者，亦引詩之大意也。

校勘記

〔一〕韓詩外傳云天子大社　正誤云：「案此見周書作洛篇，韓詩外傳無文。」尚書禹貢徐州「厥貢惟土五色」，正義引韓詩外傳云「天子社廣五丈，東方青」云云，又引蔡邕獨斷云「天子大社以五色土爲壇」云云，謂「是必古書有此説，故先儒之言皆同也」。十三經注疏正字於此所引韓詩外傳則云：「案韓詩外傳無文，白虎通社稷篇引春秋傳有此，又見周書作洛篇。」今按：本疏引韓詩外傳云云，蓋襲自尚書正義也。

〔二〕苴以白(苴)〔茅〕　阮云：「監本、毛本下『苴』字作『茅』，是也。」據改。

〔三〕恒須戒(慎)〔懼〕　阮云：「石臺本、岳本『懼』作『慎』，案正義亦云『義取爲君常須戒慎』，此注及疏標起止作『戒懼』，非也。」今按：此句在此節中凡三見，注一見，標起止一見，疏中引述一見，此本及阮本僅標起止作「戒懼」，閩本、毛本、殿本則注亦作「戒懼」。卷子本作「恒慎戒懼」，楊守敬云：「此本『慎』爲『須』字之誤，至『戒懼』分承上『戰』、『兢』二項，玩注文自見，『懼』字必非『慎』誤，此石臺本之不可從者。」楊説是。此本標起止既作「戒懼」，則正義所據本之注當亦作「戒懼」也，至文中作「戒慎」者，蓋合成注疏之注本作「戒慎」，後人見而追改之也，故據改。

〔四〕(七)〔士〕服藻　阮云：「案『七』當作『士』。」是，據改。

〔五〕凡七(章)〔也〕　正誤云：「『也』誤『章』。」阮云：「案上下文作『凡幾也』，此處亦不應作『章』。」是，據改。

〔六〕衣無(衣)〔文〕　阮云：「正誤下『衣』作『文』，是也。」據改。

〔七〕此依正義　阮云：「浦鏜云：『『正』疑『王』字誤。』案浦説是也。」今按：本疏慣用「此依某注」，稱「此依王注義」三見，謂「此依常義」一見，故云「此依王義」不合疏例，阮説非。殿本作「此依正文」，亦非。疑此處之「正義」謂常義，或即「常義」之訛。

〔八〕君子所最(謂)〔謹〕　據注疏諸本改。

〔九〕懈惰也　阮云：「石臺本作『墮』，下同。案華嚴音義上引作『懈，墮也』與石臺本合。」今按：釋文出「惰」字，云「注同」，而卷子本亦作「惰」。御注衍自鄭注，當以「惰」爲是，此亦石臺本之不可從者。

〔一〇〕釋(古)〔詁〕文　阮云：「閩本、監本、毛本『古』作『詁』，是也。」據改。

〔一一〕(惟)〔推〕一(答)〔合〕十爲士　阮云：「毛本『惟』作『推』，『答』作『合』。案毛本是也。」據改。

孝經注疏卷第三

庶人章第六

【疏】「庶」者衆也，謂天下衆人也。皇侃云：「不言衆民者，兼包府史之屬，通謂之庶人也。」嚴植之以爲士有員位，人無限極，故士以下皆爲庶人。

用天之道，春生、夏長、秋斂、〔一〕冬藏，舉事順時，此用天道也。**分地之利，**分別五土，視其高下，各盡所宜，此分地利也。**謹身節用以養父母，**身恭謹則遠恥辱，用節省則免飢寒，公賦既充則私養不闕。**此庶人之孝也。**庶人爲孝，唯此而已。

【疏】「用(人)〔天〕」至「孝也」〔二〕 夫子陳述士之行孝已畢，〔三〕次明庶人之行孝也。言庶人服田力穡，當須用天之四時生成之道也，分地五土所宜之利，謹慎其身、節省其用以供養其父母，此則庶人之孝也。援神契云「庶人行孝曰『畜』」，以畜養爲義，言能躬耕力農，以畜其德而養其親也。

注「春生」至「道也」 云「春生、夏長、秋斂、冬藏」者，此依鄭注也。爾雅釋天云：「春爲發生，夏爲長毓，秋爲收成，冬爲安寧。」「安寧」即藏閉之義也。云「舉事順時，此用天(之)道也」者，謂舉農畝之事，順四時之氣，春生則耕種，夏長則耘苗，秋收則穫刈，冬藏則入廩也。

注「分別」至「利也」　云「分別五土，視其高下」者，此依鄭注也。案周禮大司徒辨五土，一曰山林、二曰川澤、三曰丘陵、四曰墳衍、五曰原隰。謂庶人須能分別，視此五土之高下，隨所宜而播種之，則職方氏所謂青州「其穀宜稻麥」、雍州「其穀宜黍稷」之類是也。云「各盡〔其〕所宜，此分地利也」者，此依孔傳也。劉炫云：「黍稷生於陸，苽稻生於水。」

注「身恭」至「不闕」　云「身恭謹則遠恥辱」者，論語曰：「恭近於禮，遠恥辱也。」云「用節省則免飢寒」者，「用」謂庶人衣服、飲食、喪祭之用，當須節省。禮記曰「食節事時」，又曰「庶人無故不食珍」及「三年之耕必有一年之食，九年耕必有三年之食，以三十年之通，雖有凶旱水溢，民無菜色」，是「免飢寒」也。云「公賦既充則私養不闕」者，「賦」者，自上稅下之名也。謂常省節財用，公家賦稅充足，而私養父母不闕乏也。孟子曰「周人百畝而徹，其實皆什一也」，（劉熙）〔趙岐〕注云「家耕百畝，〔四〕徹取十畝以爲賦也」，又云「公事畢，然後敢治私事」是也。

注「庶人」至「而已」　此依魏注也。案天子、諸侯、卿大夫、士皆言「蓋」，而庶人獨言「此」，注釋言「此」之意也。謂天子至士，孝行廣大，其章略述宏綱，所以言「蓋」也；庶人用天分地，謹身節用，其孝行已盡，故曰「此」，言惟此而已。庶人不引詩者，義盡於此，無（贊諸）〔贅詞〕也。〔五〕

故自天子至於庶人，孝無終始，而患不及者，未之有也。始自天子終於庶人，尊卑雖殊，孝道同致，而患不能及者，未之有也。言無此理，故曰未有。

【疏】「故自」至「有也」　夫子述天子、諸侯、卿大夫、士、庶人行孝畢，於此總結之，（則）〔言〕其五等尊卑雖殊，至於奉親，其道不別，故從天子已下至於庶人，其孝道則無終始，貴賤之異也。或有自患己身不能及於孝，未之有也，自古及今未有此理，蓋是勉人行孝之辭也。

注「始自」至「未有」　云「始自天子終於庶人」者，謂五章以天子爲始、庶人爲終也。云「尊卑雖殊，孝道同致」者，謂天子、庶人尊卑雖别，至於行孝，其道不殊。天子須愛親敬親，諸侯須不驕不溢，卿大夫於言行無擇，士須資親事君，庶人謹身節用，各因心而行之斯至，豈藉創物之智、扛鼎之力？若率強之，〔六〕無不及也。云「而患不能及者，未之有也」者，此謂人無貴賤尊卑，行孝之道同致，若各率其己分則皆能養親，言患不及於孝者未有也。〔禮記〕説孝道包含之義廣大，「塞乎天地」、「横乎四海」。經言「孝無終始」，謂難備終始，但不致毁傷、立身行道，安其親、忠於君，一事可稱，則行成名立，不必終始皆備也。此言行孝甚易，無不及之理，故非孝道不終始致必及之患也。云「言無此理，故曰未有」者，此釋「未之有」之意也。謝萬以爲「無終始」，恒患不及；「未之有」者，少賤之辭也。劉瓛云：「禮不下庶人。若言我賤而患行孝不及己者，未之有也。」此但得憂不及之理，而失於歎少賤之義也。鄭曰：〔七〕「諸家皆以爲患及身，今注以爲自患不及，將有説乎？」答曰：「案説文云『患，憂也』，廣雅曰『患，惡也』。又若案(主)〔注〕説，〔八〕釋『不及』之義凡有四焉，大意皆謂有患貴賤行孝無及之憂，非以患爲禍也。經傳之稱『患』者多矣，論語『不患人之不己知』，又曰『不患無位』，又曰『不患寡而患不均』，左傳曰『宣子患之』，皆是憂惡之辭也。惟蒼頡篇謂患爲禍，孔、鄭、韋、王之學引之以釋此經，故皇侃曰『無始有終，謂改悟之善，惡禍何必及之』，則無始之言已成空設也。禮祭義：『曾子説孝曰：衆之本教曰孝，其行曰養。養可能也，敬爲難；敬可能也，安爲難；安可能也，卒爲難。父母既没，慎行其身，不遺父母惡名，可謂能終矣。』夫以曾參行孝，親承聖人之意，至於能終孝道，尚以爲難，則寡能無識，固非所企也。今爲行孝不終，禍患必及。此人偏執，詎謂經通？」鄭曰：「書云『天道福善禍淫』，又曰『惠迪吉，從逆凶，惟影響』，斯則必有灾禍，何得稱無也？」答曰：「來問指淫凶悖慝之倫，經言戒不終善美之輩。論語曰『今之孝者是謂能養』，曾子曰『參，直養者也，安能爲孝乎』，又此章云

『以養父母，此庶人之孝也』。儻有能養而不能終，只可未爲具美，無宜即同淫慝也。古今凡庸，詎識孝道？但使能養，安知始終？若今皆及於灾，便是比屋可貽禍矣。而當朝通識者以爲鄭注非誤，故謝萬云：『言爲人無終始者，謂孝行有終始也。患不及者，謂用心憂不足也。能行如此之善，曾子所以稱難，故鄭注云：善未有也。』諦詳此義，將謂不然。何者？孔聖垂文，包於上下，盡力隨分，寧限高卑？則因心而行，無不及也。如依謝萬之説，此則常情所昧矣。子夏曰：『有始有卒者，其惟聖人乎？』若施化惟待聖人，（十）〔千〕載方期一遇，〔九〕『加於百姓』、『刑于四海』乃爲虚説者與。」制旨曰：「嗟乎！孝之爲大，若天之不可逃也，地之不可遠也。朕窮五孝之説，人無貴賤，行無終始，未有不由此道而能立其身者。然則聖人之德豈云遠乎？我欲之而斯至，何患不及於己者哉。」

三才章第七

【疏】天地謂之「二儀」，兼人謂之「三才」。曾子見夫子陳説五等之孝既畢，乃發歎曰：「甚哉！孝之大也。」夫子因其歎美，乃爲説天經、地義、人行之事，可教化於人，故以名章，次五孝之後。

曾子曰：甚哉！孝之大也。參聞行孝無限高卑，始知孝之爲大也。

子曰：夫孝，天之經也，地之義也，民之行也。經，常也。利物爲義。孝爲百行之首，人之常德，〔一〇〕若三辰運天而有常，五土分地而爲義也。天地之經而民是則之，天有常明，地有常利，言人法則天地，亦以孝爲常行也。則天之明，因地之利，以順天下，是以其教不肅而成，其政不嚴而治。法天明以爲常，因地利以行義，〔一二〕順此以施政教，則不待嚴肅而成理也。

【疏】「曾子曰」至「而治」　夫子述上從天子、下至庶人五等之孝，後總以結之，語勢將畢，欲以更明孝道之大，無以發端，特假曾子歎孝之大，更以彌大之義告之也，曰：夫孝，天之經，地之義，民之行。經，常也。人生天地之間，禀天地之氣節，人之所法，是天地之常義也。聖人司牧黔庶，故（須）〔法〕則天之常明、〔一二〕因依地之義利，以順行於天下。是以其爲教也，不待肅戒而〔自〕成也；其爲政也，不假威嚴而自理也。

注「參聞」至「大也」　「高」謂天子，「卑」謂庶人。言曾參既聞夫子陳説天子、庶人皆當行孝，始知孝之爲大也。

注「經常」至「義也」　云「經，常也。利物爲義」者，「經，常」即書傳通訓也。易文言曰「利物足以和義」，是「利物爲義」也。云「孝爲百行之首，人之常德」者，鄭注論語云：「孝爲百行之本，言人之爲行，莫先於孝。」案周易曰「常其德，貞」，孝是人（所）〔之〕常德也。云「若三辰運天」〔者〕，謂日、月、星以時運轉於天。〔云「五土分地」者〕，釋名云：「土者吐也，言吐生萬物。」周禮五土（十）〔分〕地之利。言孝爲百行之首，是人生有常之德，若日月星辰運行於天而有常，山川原隰分别土地而爲利，則知貴賤雖别，必資孝以立身，皆貴法則於天地。然此經全與左傳鄭子大叔答趙簡子問禮同，其異一兩字而已，明孝之與禮，其義同。

注「天有」至「行也」　云「天有常明」者，謂日月星辰（明）〔照〕臨於下，〔一三〕紀於四時，人事則之，以「夙興夜寐，無忝爾所生」，故下文云「則天之明」也。云「地有常利」者，謂山川原隰、動植物産，人事因之，以晨羞夕膳（也）〔而〕色養無違，故下文云「因地之利」也。此皆人能法則天地以爲孝行者，故云「亦以孝爲常行也」。上云「天之經，地之義」，此云「天地之經」而不言「義」者，爲地有利物之義，亦是天常也，若分而言之則爲義，合而言之則爲常也。

注「法天」至「理也」　云「法天明以爲常，因地利以行義」者，上文云「夫孝，天之經，地之義」者，故云「法天明以爲常」，釋「天之明」也；「因地利以爲義」，釋「地之利」也。云「順此以施政教，則不待嚴肅而成理也」者，經云「其教不肅而成，其政不嚴而治」，注則以政教相就而明之，嚴肅相連而釋之，從便宜省也。制旨曰：「天無立極之統，無以常其明；地無立極之統，無以常其利；〔一四〕人無立身之本，無以常其德。然則三辰迭運而一以經之者，（天）〔大〕利之性也；〔一五〕五土分植而一以宜之者，大順之理也；百行殊塗而一〔以〕致之者，大中之要也。（天）〔夫〕愛始於和而敬生於順，〔一六〕是以因和以教愛，則易知而有親；因順以教敬，則易從而有功，愛敬之化行而禮樂之政備矣。聖人則天之明以爲經，因地之利以行義，故能不待嚴肅而成可久可大之業焉。」

先王見教之可以化民也，見因天地教化人之易也。**是故先之以博愛而民莫遺其親，**君愛其親，則人化之，無有（遣）〔遺〕其親者。〔一七〕**陳之以德義而民興行，**陳説德義之美，爲衆所慕，則人起心而行之。**先之以敬讓而民不爭，**〔一八〕君行敬讓，則人化而不爭。**導之以禮樂而民和睦，**禮以檢其迹，樂以正其心，則和睦矣。〔一九〕**示之以好惡而民知禁。**示好以引之，示惡以止之，則人知有禁令，不敢犯也。

【疏】「先王」至「知禁」　言先王見因天地之常，不肅、不嚴之政教可以率先化下人也，故須身行博愛之道以率先之，則人漸其風教，無有遺其親者。於是陳説德義之美，以順教誨人，則人起心而行之也。先王又以身行敬讓之道以率先之，則人漸其德而不爭競也。又（道）〔導〕之以禮樂之教，〔二〇〕正其心迹，則人被其教，自和睦也。又示之以好者必愛之，惡者必（計）〔討〕之，〔一一〕則人見之而知國有禁也。

注「見因」至「易也」　此依鄭注也。言先王見天明、地利有益於人，因之以施化，行之甚易也。

注「君愛」至「親者」　此依王注也。言君行博愛之道則人化之，皆能行愛敬，無有遺忘其親者，即天子章之「愛敬盡於事親，而德教加於百姓」是也。

注「陳説」至「行之」　易稱「君子進德修業」，又論語云「義以爲質」，又左傳説趙衰薦郤縠云：「説禮樂而敦詩書。詩書，義之府也；禮樂，德之則也。德義，利之本也。」且德義之利是爲政之本也。言大臣陳説德義之美，是天子所重，爲群情所慕，則人起發心志而效行之。

注「君行」至「不爭」　此依魏注也。案禮記鄉飲酒義云：「先禮而後財，則民作敬讓而不爭矣。」言君身先行敬讓則天下之人自息貪競也。

注「禮以」至「睦矣」　此依魏注也。案禮記云「樂由中出，禮自外作」，「中」謂心在其中也，「外」謂迹見於外也。由心以出者，宜聽樂以正之；自迹以見者，當用禮以檢之。〔一二〕「檢之」謂檢束也。言心迹不違於禮樂，則人當自和睦也。

注「示好」至「犯也」　云「示好以引之，示惡以止之」者，案樂記云：「先王之制禮樂也，將以教民平好惡而反人道之正也。」故示有好必賞之，令以引喻之，使其慕而歸善也；示有惡必罰之，禁以懲止之，使其懼而不爲也。云「則人知有禁令，不敢犯也」者，（請）〔謂〕人知好惡而不犯禁令也。〔一三〕

詩云：「赫赫師尹，民具爾瞻。」赫赫，明盛貌也。尹氏爲太師，周之三公也。義取大臣助君行化，人皆瞻之也。

【疏】「詩云」至「爾瞻」 夫子既述先王以身率下先，及大臣助君行化之義畢，乃引小雅節南山詩以證成之。赫赫，明盛之貌也。(是)〔師尹〕，太師尹氏也。言助君行化，爲人模範，故人皆瞻之。

注「赫赫」至「之也」 「赫赫，明盛貌也。尹氏爲太師，周之三公也」者，此毛傳文。太師、太傅、太保，是周之三公。尹氏時爲太師，故曰「(尹氏)〔師尹〕」也。云「義取大臣助君行化，人皆瞻之也」者，引詩大意如此。孔安國曰：「具，皆也。爾，女也。」(古語或謂)「人具爾瞻」，(則)〔謂〕人皆瞻女也。此章再言「先之」，是(吾)〔君〕身行率先於物也；「陳之」、「(道)〔導〕之」、(二四)「示之」，是大臣助君爲政也。案大戴禮云：「昔者舜左禹而右皋陶，不下席而天下大治。夫政之不中，君之過也；政之既中，令之不行，職事者之罪也。」後引周禮稱「三公無官屬，與王同職，坐而論道」。又案尚書益稷篇稱「帝曰『吁！臣哉鄰哉，鄰哉臣哉』」，又曰「臣作朕股肱耳目」，孔傳曰「言君臣道近，相須而成」，「言大體若身」，君任股肱，臣戴元首之義也。故禮緇衣稱「上好是物，下必有甚者矣。故上之好惡不可不慎也，是民之表也。詩云：『赫赫師尹，民具爾瞻。』甫刑曰：『一人有慶，兆民賴之。』」緇衣之引詩、書，是明下民從上之義。師尹，大臣也；一人，天子也。謂人君爲政，有身行之者，有大臣助行之者。人之從上，非惟從君，亦從論道之大臣，故並引以結之也。此章上言先王、下引師尹，則知君臣同體，相須而成者，謂此也。皇侃以爲無先王在上之詩，故斷章引太師之什，今不取也。

校勘記

〔一〕秋斂 阮云：「石臺本作『秋收』，鄭注本同。案正義云『此依鄭注也』，則當作『秋收』，岳本改爲『秋斂』，非。」

今按：阮説是，然釋文出「秋收」，云「本作『斂』」，是鄭注本亦有作「斂」者，而本疏下文亦引作「秋斂」，則正義所據本之注如此，故不改。

〔二〕用（人）〔天〕至孝也　阮云：「閩本、監本、毛本『人』作『天』，不誤。」據改。

〔三〕陳述士之行孝　注疏諸本「陳」作「上」。

〔四〕（劉熙）〔趙岐〕注　阮云：「正誤『劉熙』作『趙岐』，是也。」據改。

〔五〕無（贊諸）〔贅詞〕　阮云：「閩本、監本、毛本『贊諸』作『贅詞』，不誤。」是，據改。

〔六〕若率強之　阮云：「段玉裁云：『率』當作『牽』。」

〔七〕鄭曰　阮福云：「疏内兩『鄭曰』皆有誤，皆當云『主鄭者曰』，蓋唐人問難之辭，不然，鄭注内不應有『諸家』二字。元行沖等駁之，所以傅會制旨，即御制序内所云『今存於疏，用廣發揮』也，而今人或即輯爲鄭注，誤矣。」其説甚辯，是也。

〔八〕若案（主）〔注〕説　據注疏諸本改。

〔九〕（十）〔千〕載　阮云：「閩本、監本、毛本『十』作『千』，是也。」據改。

〔一〇〕人之常德　阮云：「石臺本『常』作『恒』，岳本同。案作『常』避宋諱，正義引易『恒其德，貞』作『常其德，貞』，皆仍宋刻之舊。」阮説是，惟正義所據本之注如此，故不改。

〔一一〕因地利以行義　下文引作「因地利以爲義」，察本節疏中，一則謂「因依地之義利」，再則謂「山川原隰分別土地而爲利」，皆無「行」義而近於「爲」，頗疑「行」乃「爲」之訛。

〔一二〕（須）〔法〕則天之常明　經云「則天之明」，注謂「法天明以爲常」，則疏當稱「法則天之常明」，且如此與下句「因依地之義利」亦相偶，故據改。

〔一三〕（明）〔照〕臨於下　阮云：「正誤『明』作『照』，是也。」據改。

〔一四〕無以常其利　「其」下原空十一字，細察文義則無闕也，注疏諸本惟阮本同，阮云：「空十一字非也。」是，據刪空字。

〔一五〕(天)〔大〕利之性也　阮云：「閩本、監本『天』作『夫』，亦誤，毛本作『大』。」今按：殿本亦作「大」，疏下文稱「大順之理也」，則此作「大」是，據改。

〔一六〕(天)〔夫〕愛始於和　據注疏諸本改。

〔一七〕(遺)〔遺〕其親　據注疏諸本改。

〔一八〕先之以敬讓而民不争　于鬯云：「此『先』字與上文『先之以博愛』犯複，疑本是『行』字，觀注云『君行敬讓』可見。玄宗此注，邢義謂依魏注，然則魏真克本此『先』字作『行』矣，今本即涉上文『先』字而誤也。」其説是，然下節疏又謂「此章再言『先之』」，則正義所據本已作「先」矣。

〔一九〕則和睦矣　此節上下文之注均謂「則人」云云，此處不當獨闕，卷子本「則」下有「人」，石臺本無者，疑鈔寫偶脱也。

〔二〇〕(道)〔導〕之以禮樂之教　阮云：「閩本、監本、毛本『道』作『導』。」是，據改。

〔二一〕惡者必(計)〔討〕之　據注疏諸本改。

〔二二〕用禮以檢之　「檢之」下原空一字，阮云：「『之』下空一字，非也。」是，據刪。

〔二三〕(請)〔謂〕人知好惡　據注疏諸本改。

〔二四〕(道)〔導〕之　阮云：「閩本、監本、毛本『道』作『導』，是也。」據改。

孝經注疏卷第四

孝治章第八

【疏】夫子述(比)〔此〕明王以孝治天下也。〔一〕前章明先王因天地、順人情以爲教，此章言明王由孝而治，故以名章，次三才之後也。

子曰：昔者明王之以孝治天下也，言先代聖明之王以至德要道化人，〔二〕是爲孝理。不敢遺小國之臣，而況於公、侯、伯、子、男乎？小國之臣，至卑者耳，(主)〔王〕尚接之以禮，〔三〕況於五等諸侯，是廣敬也。故得萬國之懽心，以事其先王。萬國，舉其多也。言行孝道以理天下，皆得懽心，則各以其職來助祭也。

【疏】「子曰」至「先王」 此章之首稱「子曰」者，爲事訖，更别起端首故也。言昔者聖明之王能以孝道治於天下，大教接物，故不敢遺小國之臣，而況於五等之君乎？言必禮敬之。明王能如此，故得萬國之懽心，謂各修其德，盡其懽心而來助祭，以事其先王。經「先王」有六焉，一曰「先王有至德」，二曰「非先王之法服」，三曰「非先王之法言」，四曰「非先王之德行」，五曰「先王見教之」，此皆指先代行孝之王。此章云「以事其先王」，則指行孝王之(考)祖〔考〕。

注「言先」至「孝理」 此釋「孝治」之義也。國語云：「古曰在昔，〔昔〕曰先民。」尚書洪範云：「睿作聖。」左傳：

「照臨四方曰『明』。」「昔者」非當時代之名，「明王」則聖王之稱也，是泛指前代聖王之有德者。經言「明王」，還（有）〔指〕首章之「先王」也。（四）以代言之謂之「先王」，以聖明言之則爲「明王」，事義相同，故注以「至德要道」釋之。

注「小國」至「敬也」。此依王注義也。五等諸侯則公、侯、伯、子、男，舊解云：「公者，正也，言正行其事。侯者，候也，言斥候而服事。伯者，長也，爲一國之長也。子者，字也，言字愛於小人也。男者，任也，言任王之職事也。」爵則上皆勝下，若行事亦互相通。舜典曰「輯五瑞」，孔安國曰：「舜斂公、侯、伯、子、男之瑞圭璧。」斯則堯、舜之代已有五等諸侯也。論語云：「殷因於夏禮，周因於殷禮。」案尚書武成篇云：「列爵惟五，分土惟三。」鄭注王制云：「殷所因夏爵，三等之制也，是有公、侯、伯而無子、男。武王增之，總建五等，時九州界狹，故土惟三等，則王制云『公、侯方百里，伯七十里，子、男五十里』。至周公攝政，斥大九州之界，增諸侯之大者地方五百里，侯四百里，伯三百里，子二百里，男百里。」然據鄭玄，夏、殷不建子、男，武王復增之也。案五等，公爲上等，侯、伯爲次等，子、男爲下等，則「小國之臣」謂子、男卿大夫，況此諸侯則至卑也。曲禮云「列國之大夫入天子之國曰某士」，諸侯言「列國」者，兼小大，是小國之卿大夫有見天子之禮也。言雖至卑，盡來朝聘，則天子以禮接之。案周禮掌客云：（王）〔上〕公饔餼九牢，飧五牢，侯、伯饔餼七牢，飧四牢，子、男饔〔餼〕五牢，（五）飧三牢，三等。其五等之介、行人、宰史皆有飧、饔餼，唯上介有禽（獸）〔獻〕。其卿大夫、士有特來聘問者，則待之如其爲介時也。是待諸侯及其臣之禮，是皆廣敬之道也。

注「萬國」至「祭也」。云「萬國，舉其多也」者，此依魏注也。詩、書之言「萬國」者多矣，亦猶言萬方，是舉多而言之，不必數滿於萬也。皇侃云：「春秋稱『禹會諸侯於塗山，執玉帛者萬國』，言禹要服之內，地方七千里而置九州。九州之中，有方百里、七十里、五十里之國，計有萬國也。」因引王制殷之諸侯有千七（伯）〔百〕七十三國也，（六）孝經（稱）〔説〕周諸侯有（九）千八百國，（七）所以證萬國爲夏法也。信如此説，則周頌云「綏萬邦」，六月云「萬邦爲憲」，豈周之代復有萬國乎？今不取也。云「言行孝道以理天下，皆得懽心，則各以其職來助祭也」者，言明王能以孝道理於天下，則得諸侯之懽心，以事其先王也。「各以其職來〔助〕祭」者，謂天下諸侯各以其所職貢來助天子之祭也。（和）〔知〕者，禮器云「大饗，其王事與」，注云：「盛其饌與貢，謂祫祭先王。」又云「三牲、魚腊，四海九州之美味也；籩豆之薦，四時之和氣也」，注云：「此饌諸侯所獻。」又云「內金，示和也」，注云：「此所貢也，內之庭實先設之。金從革，性和。荆、揚二州貢金三品。」又云「束帛加璧，尊德也」，注云：「貢享所執致命者，君子於玉比德焉。」又云「龜爲前列，先知也」，注云：「龜知事情者，陳於庭，在前。荆州納錫大龜。」又云「金次之，見情也」，注云：「金炤物。金有兩義，先入後設。」又云「丹、漆、絲、纊、竹、箭，與衆共財也」，注云：「萬民皆有此物。荆州貢丹，兖州貢漆、絲，豫州貢纊，揚州貢篠簜。」又云「其餘無常貨，各以國之所有，則致遠物也」，注云：「『其餘』謂九州之外夷服、鎮服、蕃服之國。周禮『九州之外謂之蕃國，世一見，各以其所貴寶爲贄』。周穆王征犬戎，得白狼、白鹿，近之。」大傳云：「遂率天下諸侯，執豆籩駿奔走。」又周頌曰：「駿奔走在廟。」此皆助祭者也。

治國者不敢侮於鰥寡，而況於士民乎？理國謂諸侯也。鰥寡，國之微者，君尚不敢輕侮，況知禮義之士乎？**故得百姓之懽心，以事其先君。**諸侯能行孝理，得所統之懽心，則皆恭事助其祭享也。

【疏】「治國者」至「先君」。此説諸侯之孝治也。言諸侯以孝道治其國者，尚不敢輕侮於鰥夫寡婦，而況於知禮義之士民乎？亦言必不輕侮也。以此故得其國內百姓懽悦，以事其先君也。

注「理國」至「士乎」。云「理國謂諸侯也」者，此依魏注也。案周禮云「體國經野」，詩曰「生此王國」，是其天子亦言國也。易曰「先王以建萬國，親諸侯」，是諸侯之國。上言明王「理天下」，此言「理國」，故知諸侯之國也。云「鰥寡，國之微者，君尚不敢輕侮」者，案王制云：「老而無妻者謂之鰥，老而無夫者謂之寡，此天民之窮而無告者也。」則知鰥夫寡婦是國之微賤者也。言微賤之者國君尚不輕侮，況知禮義之士乎？釋經之「士民」，詩云「彼都人士」，左傳曰「多殺國士」，此皆（況惜）〔泛指〕有知識之人，〔八〕不必居官授職之士。舊解：「士知義理。」又曰：「士，丈夫之美稱。」故注言「知禮義之士乎」，謂民中知禮義者。

注「諸侯」至「享也」　云「諸侯能行孝理，得所統之懽心」者，此言諸侯孝治其國，得百姓之懽心也。一國百姓皆是君之所統理，故以「所統」言之，孔安國曰「亦以相統理」是也。云「則皆恭事助其祭享也」者，「祭享」謂四時及禘祫也。於此祭享之時，所統之人則皆恭其職事，獻其所有以助於君，故云「助其祭享」也。

治家者不敢失於臣妾，而況於妻子乎？「理家」謂卿大夫。臣妾，家之賤者；妻子，家之貴者。故得人之懽心，以事其親。卿大夫位以材進，受祿養親，若能孝理其家，則得小大之懽心，助其奉養。

【疏】「治家者」至「其親」　〔此〕說卿大夫之孝治也。言以孝道理治其家者，不敢失於其家臣妾〔之〕賤者，而況於妻子之貴者乎？言必不失也。故得其家之懽心，以承事其親也。

注「理家」至「貴者」　云「『理家』謂卿大夫」者，此依鄭注也。案下章云「大夫有爭臣三人，雖無道，不失其家」，禮記王制曰「上大夫卿」，則知「治家」謂卿大夫。云「臣妾，家之賤者」，案尚書費誓曰「（切）〔竊〕馬牛，〔九〕誘臣妾」，孔安國云：「誘偷奴婢。」既以臣妾爲奴婢，是「家之賤者」也。云「妻子，家之貴者」，案禮記哀公問於孔子，孔子對曰：「妻者（君）〔親〕之主也，〔一〇〕敢不敬與？子者親之後也，敢不敬與？」是「妻子，家之貴者」也。

注「卿大夫」至「奉養」　云「卿大夫位以材進」者，案毛詩傳曰「建邦能命龜，田能施命，作器能銘，使能造命，升高能賦，師旅能誓，山川能説，喪紀能誄，祭祀能語，君子能此九者，可謂有德音，可以爲大夫」，是「位以材進」也。云「受禄養親」者，若能孝理其家，則受其所稟之禄以養其親。云「若能孝理其家，則得小大之懽心」者，謂小大皆得其懽心，「小」謂臣妾，「大」謂妻子也。云「助其奉養」者，案禮記内則稱子事父母，婦事舅姑，日以「雞初鳴，咸盥漱，以適父母、舅姑之所。問衣燠寒，饘、酏、酒、醴、芼、羹、菽、麥、蕡、稻、黍、粱、秫唯所欲，棗、栗、飴、蜜以甘之，父母、舅姑必嘗之而後退」，此皆奉養事親也。天子諸侯繼父而立，故言「先王」、「先君」也；大夫唯賢是授，居位之時，或有俸禄以逮於親，故言「其親」也。注順經文，所以言「助其奉養」，此謂事親生之義也，若親以終没，亦當言助其祭祀也。明王言「不敢遺小國之臣」、諸侯言「不敢侮於鰥寡」、大夫言「不敢失於臣妾」者，劉炫云：「『遺』謂意不存録，『侮』謂忽慢其人，『失』謂不得其意。小國之臣位卑，或簡其禮，故云『不敢遺』也；鰥寡，人中賤弱，或被人輕侮欺陵，故曰『不敢侮』也；臣妾營事産業，宜須得其心力，故云『不敢失』也。」明王「況公侯伯子男」、諸侯「況士民」、卿大夫「況妻子」者，以王者尊貴故況（則）〔列〕國之貴者，〔一一〕諸侯差卑故況國中之卑者，以五等皆貴故況其卑也，大夫或事父母故況家人之貴者也。

夫然，故生則親安之，祭則鬼享之，〔一二〕「夫然」者，〔然〕上孝理皆得懽心，〔一三〕則存安其榮，没享其祭。是以天下和平，災害不生，禍亂不作，上敬下懽，存安没享，人用和睦，以致太平，則災害、禍亂無因而起。故明王之以孝治天下也如此。言明王以孝爲理，則諸侯以下化而行之，故致如此福應。

【疏】「夫然」至「如此」 此總結天子、諸侯、卿大夫之孝治也。言明王孝治（其）〔天〕下，則諸侯以下各順其教，皆治其國家也，如此各得懽心，親若存則安其孝養，没則享其祭祀，故得和氣降生，感動昭昧，是以普天之下和睦太平，灾害之萌不生，禍亂之端不起，此謂明王之以孝治天下也，能致如此之美。

注「夫然者」至「其祭」　云『夫然』者，然上孝理皆得懽心」者，此謂明王、諸侯、大夫能行孝治皆得其懽心也。云「則存安其榮」者，釋「生則親安之」；云「没享其祭」者，釋「祭則鬼享之」也。

注「上敬」至「而起」　此釋「天下和平」，以皆由明王孝治之所致也。皇侃云：「天反時爲灾，謂風雨不節；地反物爲妖，妖即害物，謂水旱傷禾稼也。善則逢殃爲禍，臣下反逆爲亂也。」

注「言明」至「福應」　云「言明王以孝爲理，則諸侯以下化而行之」者，案上文有明王、諸侯、大夫三等，而經獨言明王孝治如此者，言由明王之故也，則諸侯以下奉而行之，而功歸於明王也。云「故致如此福應」者，「福」謂天下和平，「應」謂灾害不生、禍亂不作。

詩云：「有覺德行，四國順之。」覺，大也。義取天子有大德行，則四方之國順而行之。

【疏】「詩云」至「順之」　夫子述昔時明王孝治之義畢，乃引大雅抑篇讚成之也。〔一四〕言天子身有至大德行，（使）〔則〕四方之國皆順而行之。

注「覺大」至「行之」　云「覺，大也」（者），此依鄭注也。故詩箋云：「有大德行，則天下順從其化。」是以覺爲大也。云「義取天子有大德行，則四方之國順而行之」者，言引詩之大意如此也。

校勘記

〔一〕述（比）〔此〕明王　據注疏諸本改。

〔二〕聖明之王　卷子本、石臺本、岳本「王」作「主」。今按：下文皆以「聖明之王」、「明王」爲説，則正義所據本已作「王」矣。

〔三〕（主）〔王〕尚接之以禮　阮云：「岳本、閩本、監本、毛本『主』作『王』。」今按：石臺本、卷子本皆作「主」，則作「主」是，然此正義本則作「王」，故據改。

〔四〕還（有）〔指〕首章之先王　阮云：「閩本、監本、毛本作『指』，此本誤『有』，今改正。」是，據改。

〔五〕子男饔〔餼〕五牢　正誤云：「脱『餼』字。」阮云：「『五』上脱『餼』字，當依周禮補。」是，據補。

〔六〕千七（伯）〔百〕七十三國　阮云：「閩本、監本、毛本『伯』作『百』，案禮記作『百』。」據改。

〔七〕孝經（稱）〔説〕周諸侯有（九）千八百國　禮記王制鄭注「孝經説曰『周千八百諸侯布列五千里内』」，孔疏：「云『孝經説曰周千八百諸侯布列五千里内』者，此孝經緯文。」漢書地理上亦謂「周爵五等而土三等，公、侯百里，伯七十里，子、男五十里，不滿爲附庸，蓋千八百國」，據以改、删。

〔八〕（況惜）〔泛指〕有知識之人　阮云：「閩本、監本、毛本『況惜』作『説指』。」今按：「説指」亦與文義不協，蓋爲「泛指」之訛，據改。

〔九〕（切）〔竊〕馬牛　據注疏諸本及書費誓改。

〔一〇〕妻者（君）〔親〕之主也　阮云：「正誤『君』作『親』，是也。」今按：禮記哀公問作「親」，據改。

〔一一〕（則）〔列〕國之貴者　阮云：「閩本、監本、毛本作『列』，此本誤『則』，今改正。」是，據改。

〔一二〕祭則鬼享之　阮云：「石臺本『享』作『亨』，注同。案亨通之『亨』、烹飪之『烹』、獻享之『享』，古多作『亨』。」

今按：經、注中之「亨」字，石臺本皆作「亨」，蓋因書法之故而致。王昶金石萃編卷八七謂唐本作「亨」，未足據也。

〔一三〕〔然〕上孝理皆得懽心　石臺本、岳本、卷子本有「然」字，注疏諸本皆無。按此疏下文引作「然上孝理皆得懽心」，則正義所據本有「然」，故據補。

〔一四〕讚成之也　阮云：「閩本、監本、毛本作『贊美之也』。」今按：各章引詩、書，疏或稱「證成之」（省曰「證之」），或云「贊美之」，或謂「結成其義」（省曰「結之」），此處未能判定其爲「贊美之」抑「證成之」，姑仍其舊。

聖治章第九

【疏】此言曾子聞明王孝治以致和平，因問聖人之德更有大於孝否？夫子因問而説聖人之治，故以名章，次孝治之後。

曾子曰：敢問聖人之德，無以加於孝乎？參(問)〔聞〕明王孝理以致和平，〔一〕又問聖人德教更有大於孝(不)〔否〕？〔二〕

子曰：天地之性人爲貴。貴其異於萬物也。人之行莫大於孝，孝者德之本也。孝莫大於嚴父，萬物資始於乾，人倫資父爲天，故孝行之大，莫過尊嚴其父也。嚴父莫大於配天，則周公其人也。謂父爲天，雖無貴賤，然以父配天之禮始自周公，故曰「其人」也。

【疏】「曾子」至「其人也」　夫子前説孝治天下能致灾害不生、禍亂不作，是言德行之大也，將言聖德之廣不過於孝，無以發端，故又假曾子之問曰：聖人之德更有加於孝乎？乎猶否也。夫子承問而釋之曰：天地之性人爲貴。性，生也。言天地之所生，唯人最貴也。人之所行者，莫有大於孝行也；孝行之大者，莫有大於尊嚴其父也；嚴父之大者，莫有大於以父配天而祭也。言以父配天而祭之者，則文王之子、成王叔父周公是其人也。

注「貴其」至「物也」　此依鄭注也。夫稱「貴」者，是殊異可重之名。案禮運曰：「人者五行之秀氣也」，尚書曰「惟天地萬物父母，惟人萬物之靈」，是異於萬物也。

注「萬物」至「父也」　云「萬物資始於乾」者，易云「大哉乾元，萬物資始」是也。云「人倫資父爲天」者，曲禮曰「父之讎弗與共戴天」，鄭玄曰：「父者子之天也，殺己之天，與共戴天，非孝子也。」杜預〔注〕左氏傳曰：〔三〕「婦人在室則天父，出則天夫。」是人倫資父爲天也。云「故孝行之大，莫過尊嚴其父也」者，尊謂崇也；嚴，敬也。父既同天，故須尊嚴其父，是孝行之大也。

注「謂父」至「人也」　云「謂父爲天，雖無貴賤」者，此將釋配天之禮始自周公，故先張此文，言人無限貴賤，皆得謂父爲天也。云「然以父配天之禮始自周公，故曰『其人』也」者，但以父配天，徧檢群經，更無殊說。案禮記有虞氏尚德，不郊其祖，夏殷始尊祖於郊，無父配天之禮也，周公大聖而首行之。禮無二尊，既以后稷配郊天，不可又以文王配之。五帝，天之別名也，因享明堂而以文王配之，是周公嚴父配天之義也，亦所以申文王有尊祖之禮也。經稱「周公其人」，注順經旨，故曰「始自周公」也。

昔者周公郊祀后稷以配天，后稷，周之始祖也。「郊」謂圜丘祀天也。周公攝政，因行郊天之祭，乃尊始祖以配之也。**宗祀文王於明堂以配上帝，**明堂，天子布政之宫也。周公因祀五方上帝於明堂，乃尊文王以配之也。**是以四海之内各以其職來〔助〕祭，**〔四〕君行嚴配之禮，則德教刑於四海，海内諸侯各修其職來助祭也。**夫聖人之德又何以加於孝乎？**言無大於孝者。

【疏】「昔者」至「孝乎」　前陳周公以父配天，因言配天之事。自昔武王既崩，成王年幼即位，周公攝政，因行郊天祭禮，乃以始祖后稷配天而祀之，因祀五方上帝於明堂之時，乃尊其父文王以配而享之。尊父祖以配天，崇孝享以致敬，是以四海之内有土之君各以其職貢來助祭也。既明聖治之義，乃總其意而答之也。周公，聖人，首爲尊父配天之禮，以極於孝敬之心，則夫聖人之德又何以加於孝乎？是言無以加也。

注「后稷」至「配之」云「后稷，周(公)之始祖也」者，(五)案周本紀云：后稷名棄，其母有邰氏女，曰姜(原)〔嫄〕，(六)爲帝嚳元妃。出野見巨人迹，心忻然，欲踐之，踐之而身動如孕者。居期而生子，以爲不祥，棄之隘巷，馬牛過者皆辟不踐；徙置之林中，適會山林多人；遷之而棄渠中冰上，飛鳥以其翼覆薦之。姜嫄以爲神，遂收養長之。初欲棄之，因名曰「棄」。棄爲兒，好種樹麻、菽。及爲成人，遂好耕農。帝堯舉爲農師，天下得其利，有功。帝堯曰：「棄，黎民阻飢，(七)爾后稷播時百穀。」封棄於邰，號曰「后稷」。后稷曾孫公劉復修其業。自后稷至王季十五世而生文王，受命作周。案毛詩大雅生民之序曰：「生民，尊祖也。后稷生於姜嫄，文、武之功起於后稷，故推以配天焉。」是也。云「『郊』謂圜丘祀天也」者，此孔傳文。祀，祭也。祭天謂之「郊」。周禮大司樂云：「凡樂，圜鍾爲宫，黄鍾爲角，大蔟爲徵，(沽)〔姑〕洗爲羽，(八)靁鼓、靁鼗，孤竹之管，雲和之琴瑟，雲門之舞。冬日至，於地上之圜丘奏之，若樂六變則天神皆降，可得而禮矣。」郊特牲曰：「郊之祭也，迎長日之至也，大報天而主日也。兆於南郊，就陽位也。」又曰：「郊之祭也，大報本反始也。」言以冬至之後日漸長，郊祭而迎之，是建子之月則與經俱郊祀於天，明圜丘南郊也。云「周公攝政，因行郊天之祭，乃尊始祖以配之也」者，案文王世子稱「仲尼曰：昔者周公攝政，踐(祚)〔阼〕而治，(九)抗世子法於伯禽，所以善成王也」，則郊祀是周公攝政之時也。公羊傳曰：「郊則曷爲必祭稷？王者必以其祖配。王者則曷爲必以其祖配？自内出者無(主)〔匹〕不行，自外至者無主不止。」言祭天則天神爲客，是外至也，須人爲主，天神乃(至)〔止〕，故尊始祖以配天神，侑坐而食之。案左氏傳曰「凡祀，啓蟄而郊」，又云「郊祀后稷，以祈農事也」，而鄭注禮郊特牲乃引易説曰：「三王之郊，一用夏正，建寅之月也。此言迎長日者，建卯而晝夜分，分而日長也。」然則春分而長短分矣，此則迎在未分之前。「至」謂春分之日也。夫至者是長短之極也，明分者晝夜均也。分是四時之中，啓蟄在建寅之月，過至而未及分，必於夜短方爲日長，則左氏傳不應言啓蟄也。若以日長有漸，郊可預迎，則其初長宜在極短之日，故知傳啓蟄之郊是祈農之祭也，周禮冬至之郊是迎長日報本反始之祭也。鄭玄以祭法有「周人禘嚳」之文，遂變郊爲祀感生之帝，謂東方青帝靈威仰，周爲木德，威仰木帝。〔言以后稷配蒼龍精也，王肅著論〕以駁之曰：〔一〇〕「案爾雅曰『祭天曰燔柴，祭地曰瘞薶』，又曰『禘，大祭也』，謂五年一大祭之名。又祭法祖有功，宗有德，皆在宗廟，本非郊配。若依鄭說，以帝嚳配祭圜丘，是天之最尊也。周之尊帝嚳不若后稷，今配青帝，乃非最尊，實乖嚴父之義也。且徧窺經籍，並無以帝嚳配天之文。若帝嚳配天，則經應云(禘)〔祀〕嚳於圜丘以配天，〔一一〕不應云『郊祀后稷』也。天一而已，故以所在祭，在郊則謂爲圜丘，言於郊爲壇，以象圜天。圜丘即郊也，郊即圜丘也。」其時中郎馬昭抗章固執，當時敕博士張融質之。融稱：「漢世英儒自董仲舒、劉向、馬融之倫，皆斥周人之祀昊天於郊以后稷配，無如玄說配蒼帝也。然則周禮圜丘(則)〔即〕孝經之郊，聖人因尊事天，因卑事地，安能復得祀帝嚳於圜丘，配后稷於蒼帝之禮乎？且在周頌『思文后稷，克配彼天』，又『昊天有成命，郊祀天地也』，則郊非蒼帝，通儒同辭，肅說爲長。」伏以孝爲人行之本，祀爲國事之大。孔聖垂文，固非臆說；前儒詮證，各擅一家。自頃修撰，備經斟覆，究理則依王肅爲長，從衆則鄭義已久。王義(其)〔具〕聖證之論，鄭義(其)〔具〕於三禮義宗。〔一二〕王、鄭是非，於禮記其義(文)〔尤〕多，〔一三〕卒難詳縷說。此略據機要，且舉二端焉。

注「明堂」至「之也」。云「明堂，天子布政之宫也」者，案禮記(明其二端注)明堂〔位〕「朝諸侯于明堂之位，〔一四〕天子負斧依南鄉而立」，「明堂也者，明諸侯之尊卑也」，「制禮作樂，頒度量而天下大服」，知明堂是布政之宫也。云「周公因祀五方上帝於明堂，乃尊文王以配之也」者，「五方上帝」即是上帝也，謂以文王配五方上帝之神，侑坐而食也。

案鄭注論語云：「皇皇后帝，並謂太微五帝。在天爲上帝，分王五方爲五帝。」舊説明堂在國之南，去王城七里，以近爲媟；南郊去王城五十里，以遠爲嚴。五帝卑於昊天，所以於郊祀昊天，於明堂祀上帝也。其以后稷配郊，以文王配明堂，義見於上也。五帝謂東方青帝靈威仰、南方赤帝赤熛怒、西方白帝白招拒、北方黑帝汁光紀、中央黃帝含樞紐。鄭(炫)〔玄〕云：「明堂居國之南，南是明陽之地，故曰『明堂』。」案史記云「黃帝接萬靈於明庭」，「明庭」即明堂也。明堂起於黃帝。周禮考工記曰：「夏后曰世室，〔一五〕殷人重屋，周人明堂。」先儒舊説，其制不同。案大戴禮云：「明堂凡九室，一室而有四户八牖，三十六户七十二牖，以茅蓋屋，上圓下方。」（鄭玄據）援神契云：〔一六〕「明堂上圜下方，八牖四闥。」考工記曰：「明堂五室。」稱九室者，或云取象陽數也；八牖者，陰數也，取象八風也；三十六户，取象六甲（子）之爻，〔一七〕六六三十六也。上圜象天，下方法地，八牖者(即)〔象〕八節也，〔一八〕四闥者象四方也。稱五室者，取象五行。皆無明文也，以意釋之耳。此言宗祀於明堂，謂九月大享靈威仰等五帝，以文王配之，即月令云「季秋大享帝」，注云：「偏祭五帝。」以其上言「舉五穀之要，藏帝藉之收於神倉」，(六)〔九〕月西方成事，〔一九〕終而報功也。

注「君行」至「祭也」 云「君行嚴配之禮」者，此謂宗祀文王於明堂以配天是也。云「則德教刑於四海，海内諸侯各修其職來助祭也」者，謂四海之内六服諸侯各修其職，貢方物也。案周禮大行人「以九儀辨諸侯之命，廟中將幣三享」，又曰侯服「貢祀物」，鄭云「犧牲之屬」；甸服「貢嬪物」，注云「絲(帛)〔枲〕也」；〔二〇〕男服「貢器物」，注云「尊彝之屬也」；采服「貢服物」，注云「玄纁絺纊也」；衛服「貢材物」，注云「八材也」；要服「貢貨物」，注云「龜貝也」，此是六服諸侯「各修其職來助祭」。又若尚書武成篇云「丁未，祀於周廟，邦、甸、侯、衛駿奔走執豆籩」，亦是助祭之義也。

故親生之膝下，以養父母日嚴。親猶愛也。「膝下」謂孩幼之時也。言親愛之心生於孩幼，比及年長，漸識義方，則日加尊嚴，能致敬於父母也。聖人因嚴以教敬，因親以教愛。聖人因其親嚴之心，敦以愛敬之教，故出以就傅，趨而過庭以教敬也，抑搔癢痛，懸衾篋枕以教愛也。聖人之教不肅而成，其政不嚴而治，聖人順群心以行愛敬，制禮則以施政教，亦不待嚴肅而成理也。其所因者本也。「本」謂孝也。

【疏】「故親」至「本也」　此更廣陳嚴父之由。言人倫正性必在蒙幼之年，教之則明，不教則昧。言親愛之心生在其孩幼膝下之時，於是父母則教示，比及年長，漸識義方，則日加尊嚴，能致敬於父母，故云「以養父母日嚴」也。是以聖人因其日嚴而教之以敬，因其知親而教之以愛，故聖人因之以施政教，不待嚴肅自然成治也，然其所因者在於孝也。言本皆因於孝道也。

注「親猶」至「母也」　云「親猶愛也」者，嫌以「親」爲父母，故云「親猶愛也」。云「『膝下』謂孩幼之時也」者，案內則云：子生三月，「妻以子見於父，父執子之右手，孩而名之」。案說文云：「孩，小兒笑也。」謂指其頤下，令之笑而爲之名，故知「『膝下』謂孩幼之時也」。云「親愛之心生於孩幼之時也」者，言孩幼之時已有親愛父母之心生也。云「比及年長，漸識義方，則日加尊嚴，能致敬於父母也」者，春秋左氏傳石碏曰：「臣聞，愛子，教之以義方。」方猶道也，謂教以仁義合宜之道也。其教之者，案禮記內則：「子能飲食，〔二〕教以右手；能言，男唯女俞，男鞶革女鞶絲。六年，教之數與方名。七年，男女不同席，不共食。八年，出入門户及即席飲食必後長者，始教之讓。九年，教之數〔目〕〔日〕。」〔三〕又曲禮云：「幼子常視無誑，立必正方，不傾聽，與之提攜則兩手奉長者之手，負劍辟咡詔之，則掩口而對。」注約彼文爲說，故曰「日加尊嚴」，言子幼而誨，及長則能致敬其親也。

注「聖人」至「愛也」　父子之道，簡易則慈孝不接，狎則怠慢生焉，故「聖人因其親嚴之心，敦以愛敬之教」也。云

「出以(外)〔就〕傅」者，〔二三〕案禮記内則云「十年，出就外傅，居宿於外，學書計」，鄭云：「外傅，教學之師也。」謂年十歲出就外傅，居宿於外，就師而學也。案「十年，出就外傅」指命士已上，今此引之則尊卑皆然也。云「趨而過庭以教敬也」者，言父之與子於禮不得常同居處也。案論語云：陳亢問於伯魚曰：「子亦有異聞乎？」對曰：「未也。嘗獨立，鯉趨而過庭，〔曰〕：『學詩乎？』對曰：『未也。』『不學詩，無以言。』鯉退而學詩。他日，又獨立，鯉趨而過庭，〔曰〕：『學禮乎？』對曰：『未也。』『不學禮，無以立。』鯉退而學禮。聞斯二者。」陳亢退而喜曰：「問一得三，聞詩，聞禮，又聞君子之遠其子也。」故注約彼文以爲説也。云「抑搔癢痛，懸衾篋枕以教愛(者)也」者，〔二四〕此並約内則文，案彼云「以適父母、舅姑之所，及所，下氣怡聲，問衣燠寒，疾痛苛癢而敬抑搔之」，「父母、舅姑將坐，奉席請何鄉。將衽，長者奉席請何趾，少者執牀與坐，御者舉几，斂席與簟，懸衾篋枕，斂簟而襡之」，鄭注云：「須卧乃敷之也。襡，韜也。」是父母未寢，故衾被則懸，枕則置篋中。言子有近父母之道，所以教其愛也。夫愛以敬生，敬先於愛，無宜待教，而此言教(敬)愛者。〔二五〕禮記樂記曰：「樂者爲同，禮者爲異。同則相親，異則相敬。〔樂勝則流，禮勝則離。〕」「樂勝則流」是愛深而敬薄也，「禮勝則離」是嚴多而(成)〔愛〕殺也。〔二六〕不教敬則不嚴，不(和)〔教〕親則忘愛，所以先敬而後愛也。舊注取士章之義而分愛、敬父母之別，此其失也。

注「聖人」至「理也」　云「聖人順群心以行愛敬」者，「聖人」謂明王也。聖者通也，稱「明王」者，言在位無不照也；稱「聖人」者，言用心無不通也。「順群心」者，則首章「以順天下」是也；「以行愛敬」者，則天子能愛親敬親者是也。云「制禮則以施政教」者，則「德教加於百姓」是也。云「亦不待嚴肅而成理也」者，蓋言王化順此而行也。言「亦」者，三才章已有成理之言，故云「亦」也。

注「本謂孝也」　此依鄭注也。首章云：「夫孝，德之本也。」制旨曰：「夫人倫正性在蒙幼之中，導之斯通，壅之斯蔽。故先王慎其所養，於是乎有胎中之教、膝下之訓，感之以惠和而日親焉，期之以恭順而日嚴焉。夫親也者，緣平正性而達人情者也，故因其親嚴之心，教以愛敬之範，則不嚴而治、不肅而成。」謂其本於先祖也。

父子之道，天性也，君臣之義也。父子之道，天性之常，加以尊嚴，又有君臣之義。父母生之，續莫大焉；父母生子，傳體相續，人倫之道莫大於斯。君親臨之，厚莫重焉。謂父爲君，以臨於己，恩義之厚莫重於斯。

【疏】「父子」至「重焉」　此言父子恩親之情是天(生)〔性〕自然之道，父以尊嚴臨子，子以親愛事父。尊卑既陳，貴賤斯位，則子之事父如臣之事君。易稱「乾元資始」、「坤元資生」，又論語曰「子生三年，然後免於父母之懷」，是父母生己，傳體相續，此爲大焉。言有父之尊同君之敬，恩義之厚，此最爲重也。

注「父子」至「之義」　云「父子之道，天性之常」者，父子之道自然慈孝，本乎天性，〔二七〕則生愛敬之心，是常道也。云「加以尊嚴，又有君臣之義」者，言父子相親本於天性，慈孝生於自然，既能尊嚴於親，又有君臣之義。故易家人卦曰「家人有嚴君焉，父母之謂也」，是謂父母爲「嚴君」也。

注「父母」至「於斯」　案說文云：「續，連也。」言子繼於父母，相連不絕也。易稱「生生之謂『易』」，言後生次於前也。此則傳續之義也。

注「謂父」至「於斯」　上引家人之文，言人子之道於父母有嚴君之義，此章既陳聖治，則事繫於人君也。案禮記文王世子稱「昔者周公攝政，抗世子法於伯禽，使之與成王居，欲令成王之知父子、君臣之義。君之於(太)〔世〕子也，親則父也，尊則君也，有父之親、有君之尊，然後兼天下而有之」者，言既有天性之恩，又有君臣之義，厚重(其)〔莫〕過於此也。〔二八〕

故不愛其親而愛他人者，謂之悖德；不敬其親而敬他人者，謂之悖禮。言盡愛敬之道，然後施教於人，違此則於德禮爲悖也。以順則逆，民無則焉，行教以順人心，今自逆之，則下無所法則也。不在於善而皆在於凶德，「善」謂身行愛敬也，「凶」謂悖其德禮也。雖得之，君子不貴也。言悖其德禮，雖得志於人上，君子之不貴也。

【疏】「故不」至「貴也」　此說愛敬之失，悖於德禮之事也。所謂「不愛、敬其親」者，是君上不能身行愛敬也；而「愛他人」、「敬他人」者，是教天下行愛敬也。君自不行愛敬而使天下人行，是謂「悖德」、「悖禮」也。唯人君合行政教，以順天下人心，今則自逆不行，翻使天下之人法行於逆道，故人無所法則，斯乃不在於善而皆在於凶德。「在」謂心之所在也，「凶」謂凶害於德也。如此之君，雖得志於人上，則古先哲王、聖人君子之所不貴也。

注「言盡」至「悖也」　云「言盡愛敬之道，然後施教於人」者，此〔依〕孔傳也，則天子章言「愛敬盡於事親，而德教加於百姓」是也。云「違此則於德禮爲悖也」者，案禮記大學云：「堯、舜率天下以仁而民從之，桀、紂率天下以暴而民從之，其所令反其所好而民不從。是故君子有諸己而後求諸人，無諸己而後非諸人，所藏乎身不恕而能喻諸人者，未之有也。」是知人君若違此〔不〕盡愛敬之道，〔二九〕而教天下人行愛敬，是悖逆於德禮也。

注「善謂」至「禮也」　云「『善』謂身行愛敬也」者，謂身行愛敬乃爲善也。云「『凶』謂悖其德禮也」者，悖猶逆也，言逆其德禮則爲凶也。

注「言悖」至「貴也」　云「悖其德禮」者，此依魏注也。謂人君不行愛敬於其親，鄭注云「悖若桀、紂」是也。云「雖得志於人上（者），君子之不貴也」者，言君行如此，是雖得志於臣人之上，幸免篡逐之禍，（言）〔亦〕聖人、君子之所不貴，〔三〇〕言賤惡之也。

君子則不然，不悖德禮也。言思可道，行思可樂，思可道而後言，人必信也；思可樂而後行，人必悦也。德義可尊，作事可法，立德行義，不違道正，故可尊也；制作事業，動得物宜，故可法也。容止可觀，進退可度。容止，威儀也，必合規矩則可觀也；進退，動静也，不越禮法則可度也。以臨其民，是以其民畏而愛之，則而象之，君行六事，臨撫其人，則下畏其威、愛其德，皆放象於君也。故能成其德教而行其政令。上正身以率下，下順上而法之，則德教成、政令行也。

【疏】「君子」至「政令」　前説爲君而爲悖德禮之事，此言聖人君子則不然也。君子者，須慎其言行、動止、舉措，思可道而後言，思可樂而後行，故德義可以尊崇，作業可以爲法，威容可以觀望，進退皆修禮法，以此六事君臨其民，則人畏威而親愛之，法則而象效之，故德教以此而成，政令以此而行也。

注「不悖德禮也」　此依魏注也。　言君子舉措皆合德禮，無悖逆也。

注「思可」至「悦也」　言者意之聲也，[三一]思者心之慮也，可者事之合也，「道」(者)〔謂〕陳説也，[三二]「行」謂施行也，「樂」謂使人悦服也。　禮記中庸稱天下至聖「言而民莫不信，行而民莫不説」也。

注「立德」至「可法也」　(此)〔云〕「立德行義，不違道正，故可尊也」者，此依孔傳也。　劉炫云：「德者得於理也，義者宜於事也。　得理在於身，宜事見於外。」謂理得事宜，行道守正，故能爲人所尊也。　(知)〔云〕「制(云)〔作〕事業，[三三]動得物宜，故可法也」者，「作」謂造立也，「事」謂施爲也。　易曰「舉而措之天下之民，謂之『事業』」，言能作衆物之端，爲器用之式，造立於己，成式於物，物得其宜，故能使人法象也。

注「容止」至「度也」　「容止，威儀也，必合規矩則可觀也」者，此依孔傳也。「容止」謂禮容所止也，漢書儒林傳云

「魯徐生善爲容，以容爲禮官大夫」是也。「威儀」即儀禮也，中庸云「威儀三千」是也。春秋左氏傳曰：「有威而可畏謂之『威』，有儀而可象謂之『儀』。」言君子有此容止威儀，能合規矩。案禮記玉藻云「周還中規，折還中矩」，鄭云：「反行也宜圜，曲行也宜方。」是合規矩，故可觀。云「進退，動静也」者，進則動也，退則静也。案易乾〔卦〕文言曰「進退無常，非離群也」，又艮卦彖曰「時止則止，時行則行，動静不失其時，其道光明」，是進退則動静也。云「不越禮法則可度也」者，動静不乖越禮法，故可度也。

注「君行」至「君也」　云「君行六事，臨撫其人」者，言君施行六事，以臨撫下人。「六事」即「可度」以上之事有六也。云「則下畏其威，愛其德，皆放象於君也」者，案左傳北宮文（宇）〔子〕對衛侯説威儀之事，〔三四〕稱「有威而可畏謂之『威』，有儀而可象謂之『儀』。君有君之威儀，其臣畏而愛之，則而象之」，又因引「周書數文王之德曰『大國畏其力，小國懷其德』，言畏而愛之也；詩云『不識不知，順帝之則』，言則而象之也」，又云「君子在位可畏，施舍可愛，進退可度，周旋可則，容止可觀，作事可法，德行可象，聲氣可樂，動作有文，言語有章，以臨其下，謂之有威儀也」，據此與經雖稍殊別，大抵皆敘君之威儀也。故經引詩云「其儀不忒」，其義同也。

注「上正」至「行也」　云「上正身以率下」者，此依孔傳也。論語孔子對季康子曰「子率以正，孰敢不正」，又曰「其身正，不令而行」，是正其身之義也。云「下順上而法之」者，言正其身以率下，則下人皆從之，無不法。「則德教成，政令行也」者，言風化當如此也。

詩云：「淑人君子，其儀不忒。」淑，善也；忒，差也。義取君子威儀不差，爲人法則。

【疏】「詩云」至「不忒」　夫子述君子之德既畢，乃引曹風（鳴）〔鳲〕鳩之詩以贊美之。〔三五〕言善人君子威儀不差失也。

注「淑善」至「法則」　云「淑，善也；忒，差也」，此依鄭注也。「淑，善〔也〕」，釋詁文。釋言云「爽，差也」、「爽，忒也」，轉互相訓，故忒得爲差也。云「義取君子威儀不差，爲人法則」者，亦言引詩大意如此也。

校勘記

〔一〕參(問)〔聞〕　阮云：「石臺本『問』作『聞』，是也。」今按：岳本、卷子本作「聞」，且上文章題疏云「此言曾子聞明王孝治以致和平」，是正義所據本亦作「聞」，據改。

〔二〕大於孝(不)〔否〕　阮云：「岳本『不』作『否』。」今按：卷子本作「否」，且下文疏云：「故又假曾子之問曰：聖人之德更有加於孝乎？乎猶否也。」是正義所據本亦作「否」，據改。

〔三〕杜預〔注〕左氏傳　據楊復儀禮經傳通解續卷二二引補。

〔四〕各以其職來〔助〕祭　阮云：「石臺本、唐石經、宋熙寧石刻、岳本、閩本、監本、正義本『來』下有『助』字，禮記禮器正義、公羊僖十五年疏、後漢書班彪傳下注引並作『各以其職來助祭』，注云『各修其職來助祭也』，是經文本有『助』字，石臺本脱，諸本仍之。」阮福云：「『助祭』是也，祭乃周公之事，四海之職但可言『助祭』耳。」今按：敦煌鈔本伯三三六九、斯七二八亦皆有『助』字，據補。

〔五〕周(公)之始祖　阮云：「案『公』字衍文。」是，據删。

〔六〕曰姜(原)〔嫄〕　阮云：「閩本、監本、毛本改『姜嫄』。」今按：疏下文皆作「嫄」，此處亦不當作「原」，故據改。

〔七〕黎民阻飢　阮云：「史記周本紀『阻飢』作『始飢』，此作『阻』，依古文尚書改，非是。」今按：史記集解引徐廣曰「今文尚書作『祖飢』，祖，始也」，惠棟九經古義卷三：「古文『祖』字皆作『且』，……王肅曰『阻，難也』，馬融曰『祖，始也』，二説並通，今文近之。」

〔八〕（沽）〔姑〕洗爲羽　據閩本、毛本、殿本改。

〔九〕踐（祚）〔阼〕而治　阮云：「監本、毛本『祚』作『阼』，是也。」據改。

〔一〇〕〔言以后稷配蒼龍精也王肅著論〕以駁之曰　據馬端臨文獻通考卷六八、楊復儀禮經傳通解續卷二三補。

〔一一〕（禘）〔祀〕嚳於圜丘　唐順之稗編卷二三稱聖證論王肅難鄭云「仲尼當稱昔者周公禘祀嚳圜丘以配天」，疏下文亦云「安能復得祀帝嚳於圜丘」，故據改。

〔一二〕王義（其）〔具〕聖證之論鄭義（其）〔具〕於三禮義宗　阮云：「『其』並『具』字之誤。」今按：王應麟玉海卷九二引作「具」，阮説是，據改。

〔一三〕其義（文）〔尤〕多　正誤云：「『文』疑『尤』字誤，或下脱『尤』字。」阮云：「盧文弨校本『文』作『尤』。」盧校是，據改。

〔一四〕禮記（明其二端注）明堂〔位〕　正誤以「其二端注明堂」乃「堂位昔者周公」之誤，阮校以正誤説是。今按：疏此段乃轉引自三輔黄圖卷五，彼作「禮記明堂位曰朝諸侯於明堂之位」，則「昔者周公」不當有，故據補「位」。

〔一五〕夏后曰世室　阮云：「案『曰』當作『氏』。」今按：疏此段乃轉引自三輔黄圖卷五，彼作「曰」。

〔一六〕（鄭玄據）援神契云　疏此段乃轉引自三輔黄圖卷五，彼無此三字，故據删。

〔一七〕六甲（子）之爻　三輔黄圖卷五作「六甲之文」，「文」蓋「爻」之訛，則「子」字不當有，據删。

〔一八〕八牖者（即）〔象〕八節也　正誤云：「『象』誤『即』。」今按：三輔黄圖卷五作「象」，是，據改。

〔一九〕（六）〔九〕月西方成事　阮云：「案『六』當作『九』。」是，據改。

〔二〇〕絲(帛)〔枲〕也　阮云：「案『帛』當作『枲』。」是，據改。

〔二一〕子能飲食　阮云：「按『飲』當作『食』。或疑與下『食』字重遂改爲『飲』。」

〔二二〕教之數(目)〔日〕　阮云：「監本、毛本『目』作『日』，不誤。」據改。

〔二三〕出以(外)〔就〕傅　阮云：「監本、毛本『外』作『就』，是也。」據改。

〔二四〕以教愛(者)也者　阮云：「案注無上『者』字，此衍文也。」是，據删。

〔二五〕此言教(敬)愛者　上文既云「所以教其愛也」，「敬先於愛，無宜待教」，則此處之「敬」不當有，故删。

〔二六〕嚴多而(成)〔愛〕殺　阮云：「閩本、監本、毛本作『愛』，此本誤『成』，今改正。」是，據改。

〔二七〕本乎天性　據卷子本，「父子之道，天性也」之玄宗初注云「父子之道，自然孝慈，本於天性，生愛敬之心」，疏此處猶本初注爲説，且下文又謂「言父子相親本於天性」，則「乎」或爲「于」之訛。

〔二八〕(其)〔莫〕過於此　據注疏諸本改。

〔二九〕違此〔不〕盡愛敬之道　阮云：「閩本、監本、毛本『此』下有『不』字，是也。」據補。

〔三〇〕(言)〔亦〕聖人君子之所不貴　阮云：「浦鏜云『言』當『亦』字誤，是也。」據改。

〔三一〕言者意之聲也　注疏諸本「意」作「心」。今按：言爲心聲雖爲常語，然亦有作「意」者，尚書序之孔穎達正義謂：「言者意之聲，書者言之記。是故存言以聲意，立書以記言。」故不改。

〔三二〕道(者)〔謂〕陳説也　阮云：「閩本、監本、毛本『者』作『謂』，不誤。」是，據改。

〔三三〕制(云)〔作〕事業　據注疏諸本改。

〔三四〕北宫文(字)〔子〕　據注疏諸本及今本左傳改。

〔三五〕(鳴)〔鳲〕鳩之詩　據注疏諸本及今本詩經改。

紀孝行章第十

【疏】此章紀録孝子事親之行也。前章孝治天下，所施政教，不待嚴肅自然成理，故君子皆由事親之心，所以孝行有可紀也，故以名章，次聖人之後。或於「孝行」之下又加「萬法」兩字，〔一〕今不取也。

子曰：孝子之事親也，居則致其敬，平居必盡其敬。養則致其樂，就養能致其懽。病則致其憂，色不滿容，行不正履。喪則致其哀，擗踴哭泣，盡其哀情。祭則致其嚴。齋戒沐浴，明發不寐。五者備矣，然後能事親。五者闕一，則未爲能。

【疏】「子曰」至「事親」。致猶盡也。言爲人子能事其親而稱孝者，謂平常居處家之時也，當須盡(於)〔其〕恭敬；若進飲食之時，怡顔悦色，致親之(孝)〔懽〕；〔二〕若親之有疾，則冠者不櫛，怒不至詈，盡(終)〔其〕憂謹之心；〔三〕若親喪亡，則攀號毁瘠，(終)〔盡〕其哀情也；〔四〕若卒哀之後，(終)〔當〕盡其祥練，〔五〕及春秋祭祀又當盡其嚴肅。此五者無限貴賤，有盡能備者，是其能事親。

注「平居必盡其敬」。此依王注也。「平居」謂平常在家，孝子則須恭敬也。案禮記内則云：子事父母，雞初鳴，咸盥漱，至於父母之所，敬進甘脆而后退。又祭義曰：「養可能也，敬爲難。」皆是盡敬之義也。

注「就養能致其懽」此依魏注也。案檀弓曰「事親有隱而無犯，左右就養無方」，言孝子冬溫夏凊，昏定晨省，及進飲食以養父母，皆須盡其敬安之心，不然則難以致親之懽。

注「色不」至「正履」此依鄭注也。案禮記文王世子云「王季有不安節，則內豎以告文王，文王色憂，行不能正履」，又下文（此）〔云〕古之世子亦朝夕問於內豎，「其有不安（止）〔節〕」，〔六〕世子色憂不滿容」。此注減「憂」、「能」二字者，以此章通於貴賤，雖儗人非其倫，（以）〔亦〕舉重以明輕之義也。〔七〕

注「擗踊」至「哀情」此依鄭注也，並約喪親章文。其義（奧）〔具〕於彼。〔八〕

注「齋戒」至「不寐」此皆說祭祀嚴敬之（子）〔事〕也。〔九〕案祭義曰「孝子將祭，夫婦齋戒，沐浴盛服，奉承而進之」，言將祭必先齋戒沐浴也。又云「文王之祭也，事死如事生。詩云『明發不寐，有懷二人』，文王之詩也」，鄭注云：「『明發不寐』謂夜而至旦也，『二人』謂父母也。」言文王之嚴敬祭（事）〔祀〕如此也。〔一〇〕

注「五者」至「爲能」此依魏注也。凡爲孝子者須備此五等事也，五事若闕於一，則未爲能事親也。

事親者居上不驕，當莊敬以臨下也，爲下不亂，當恭謹以奉上也。在醜不爭。醜，衆也。爭，競也。當和順以從衆也。居上而驕則亡，爲下而亂則刑，在醜而爭則兵。謂以兵刃相加。三者不除，雖日用三牲之養，猶爲不孝也。三牲，太牢也。孝以不毀爲先。言上三事皆可亡身，而不除之，雖日致太牢之養，固非孝也。

【疏】「事親」至「孝也」此言居上位者不可爲驕溢之事，爲臣下者不可爲撓亂之事，在醜輩之中不可爲忿爭之事。是以居上須去驕，不去則危亡也；爲下須去亂，不去則致刑辟；在醜輩須去争，不去則兵刃或加於身。若三者不除，雖復日日能用三牲之養，終貽父母之憂，猶爲不孝之子也。

注「醜衆也争競也」此依魏注也。「醜，衆〔也〕」，釋詁文。左傳曰「師競已甚」，杜預云：「競猶争也。」故注以競釋争也。

注「謂以兵刃相加」此依常義。案左傳云晉范鞅「用劍以帥卒」，杜預曰：「用短兵接敵。」此則（刃）〔刀〕劍之屬，〔一二〕謂之兵也，必有刃，堪害於人，則左傳齊莊公「請自刃於廟」是也。言處儕衆之中而每事好争競，或有以刃相讎害也。

注「三牲」至「非孝也」云「三牲，太牢也」者，三牲，牛、羊、豕也。案尚書召誥稱「越翼日戊午，乃社于新邑，牛一、羊一、豕一」，孔云：「用太牢也。」是謂「三牲」爲太牢也。云「孝以不毁爲先」者，則首章「不敢毁傷」也。云「言上三事皆可（立）〔亡〕身」者，〔一二〕謂上「居上而驕」、「爲下而亂」、「在醜而争」之三事，皆可喪亡其身命也。云「而不除之，雖日致太牢之養，固非孝也」者，言奉養雖優，不除驕、亂及争競之事，使親常憂，故非孝也。

五刑章第十一

【疏】此章「五刑之屬三千」，案舜命臯陶云：「汝作士，明于五刑。」又禮記（服）問（喪）云：〔一三〕「喪多而服五，罪多而刑五。」以其服有親疏，罪有輕重也，故以名章。以前章有驕亂忿争之事，言此罪惡必及刑辟，故此次之。

子曰：五刑之屬三千，而罪莫大於不孝。五刑謂墨、劓、刵、宮、大辟也。條有三千，而罪之大者莫過不孝。要君者無上，君者臣(之)〔所〕禀命也，〔一四〕而敢要之，是無上也。非聖人者無法，聖人制作禮(樂)〔法〕，〔一五〕而敢非之，是無法也。非孝者無親，善事父母爲孝，而敢非之，是無親也。此大亂之道也。言人有上三惡，豈唯不孝，乃是大亂之道。

【疏】「子曰」至「道也」　「五刑」者，言刑名有五也。「三千」者，言所犯(利)〔刑〕條有三千也。〔一六〕所犯雖異，其罪乃同，故言「之屬」以包之。就此三千條中，其不孝之罪尤大，故云「而罪莫大於不孝」也。凡爲人子，當須遵承聖教，以孝事親、以忠事君。君命宜奉而行之，敢要之，是無心遵於上也；聖人垂範當須法則，今乃非之，是無心法於聖人也；孝者百行之本，事親爲先，今乃非之，是無心愛其親也。卉木無識尚感君政，禽獸無禮尚知戀親，況在人靈，而敢要君，不孝也，逆亂之道此爲大焉，故曰「此大亂之道也」。

注「五刑」至「不孝」　云「五刑謂墨、劓、刵、宮、大辟也」者，此依魏注也。此五刑之名，皆尚書吕刑文。孔安國云：「(劓)〔刻〕其顙而涅之曰墨刑。」〔一七〕顙，額也。謂刻額爲瘡，以墨塞瘡孔令變色也。墨一名「黥」。又云：「截鼻曰劓，刖足曰刵。」釋言云「刵，刖也」，李巡曰「斷足曰刖」是也。又云：「宮，淫刑也。男子割勢，婦人幽閉，次死之刑。」以男子之陰名爲勢，割去其勢與椓去其陰，事亦同也。婦人幽閉，閉於宮使不得出也。又云：「大辟，死刑也。」案此五刑之名見於經傳，唐虞以來皆有之矣，未知上古起自何時。漢文帝始除肉刑，除墨、劓、刵耳，宮刑猶在。隋開皇之初，始除男子宮刑，婦人猶閉於宮。此五刑之名義。鄭注周禮司刑引書傳曰：「決關梁、踰城郭而略盜者其刑臏，男女不以義交者其刑宮，觸易君命、革輿服制度、姦軌盜攘傷人者其刑劓，非事而事之、出入不以道義而誦不詳之辭者其刑墨，降畔、寇賊、劫略、奪攘、矯虔者其刑死。」案説文云：「臏，膝骨也。」〔一八〕刖臏謂斷其膝骨。此注不言「臏」而云「剕」者，據呂刑之文也。云「條有三千，而罪之大者莫過不孝」者，案周禮「司刑掌五刑之法，以(厲)〔麗〕萬民之罪，〔一九〕墨罪五百、劓罪五百、宫罪五百、剕罪五百、殺罪五百」，合二千五百。至周穆王，乃命呂侯入爲司寇，令其訓暢夏禹贖刑，增輕削重，依夏之法，條有三千。則周三千之條首自穆王始也。呂刑云：「墨罰之屬千、劓罰之屬千、剕罰之屬五百、宫罰之屬三百、大辟之罰其屬二百，五刑之屬三千。」言此三千條中，罪之大者莫有過於不孝也。案舊注説及謝安、袁宏、王獻之、殷仲文等，皆以不孝之罪，聖人惡之，云在三千條外。此失經之意也。案上章云「三者不除，雖日用三牲之養，猶爲不孝」，此承上不孝之後，而云三千之罪「莫大於不孝」，是因其事而便言之，本無在外之意。案檀弓云：「子弒父，凡在(官)〔宫〕者殺無赦。〔二〇〕殺其人，壞其室，洿其宫而豬焉。」既云「學斷斯獄」，則明有條可斷也。何者？易序卦稱「有天地然後萬物生焉」，自屯、蒙至需、訟，即争訟之始也，故聖人法雷電以申威刑，所興其來遠矣。唐虞以上，書傳靡詳，舜命皋陶有五刑，五刑斯著。案風俗通曰：「皋陶謨是虞時造也。及周穆王訓夏，里悝師魏，〔二一〕乃著法經六篇，而以盜、賊爲首。賊之大者有惡逆焉，決斷不違時，凡赦不免，又有不孝之罪，並編十惡之條。前世不忘，後世爲式。」而安、宏不孝之罪不列三千之條中。今不取也。

注「君者」至「無上也」　此依孔傳也。案晉語云：「諸大夫迎悼公，公曰：「孤始願不及此，孤之及此，天也。抑人之有元君，將稟命焉。」明凡爲臣下者皆稟君教命，而敢要以從己，是有無上之心，故非孝子之行也。若臧武仲以防求爲後於魯，晉舅犯及河授(壁)〔璧〕請亡之類是也。〔二二〕

注「聖人」至「法也」　此依孔傳也。聖人規模天下，法則兆民，敢有非毁之者，是無聖人之法也。

注「善事」至「親也」　孝爲百行之本，敢有非毁之者，是無親愛之心也。

注「言人」至「之道」　言人不忠於君、不法於聖、不愛於親，此皆爲不孝，〔二三〕乃是罪惡之極，故經以「大亂」結之也。

廣要道章第十二

【疏】前章明不孝之惡，罪之大者，及要君、非聖人，此乃禮教不容。廣宣要道以教化之，則能變而爲善也。首章略云「至德要道」之事而未詳悉，所以於此申而演之，皆云「廣」也，故以(右)〔名〕章，〔二四〕次五刑之後。「要道」先於「至德」者，謂以要道施化，化行而後(徧)〔德〕彰，〔二五〕亦明道德相成，所以互爲先後也。

子曰：教民親愛莫善於孝，教民禮順莫善於悌，言教人親愛禮順，無加於孝悌也。移風易俗莫善於樂，風俗移易，先入樂聲，變隨人心，正由君德，正之與變，因樂而彰，故曰「莫善於樂」。安上治民莫善於禮。禮所以正君臣、父子之別，明男女、長幼之序，故可以安上化下也。

【疏】「子曰」至「於禮」　此夫子述廣要〔道〕之義。〔二六〕言君欲教民親於君而愛之者，莫善於身自行孝也，君能行孝則民效之，皆親愛其君；欲教民禮於長而順之者，莫善於身自行悌也，(人)君行悌則(人)〔民〕效之，皆以禮順從其長也；欲移易風俗之弊敗者，莫善於聽樂而正之；欲身安於上、民治於下者，莫善於行禮以帥之。

注「言教」至「悌也」　言欲民親愛於君、禮順於長者，莫善(君)〔於〕身自行孝悌之善也。〔二七〕

注「風俗」至「於樂」　云「風俗移易，先入樂聲」者，子夏詩序云：「風，風也，教也。風以動之，教以化之。」韋昭曰：「人之性繫於大人，大人風聲，故謂之『風』。隨其(越)〔趨〕舍之情欲，〔二八〕故謂之『俗』。」詩序又曰「至于王道衰，禮義廢，政教失，國異政，家殊俗，而變風、變雅作矣」，是「〔先〕入樂聲」之義也。云「變隨人心，正由君德」者，詩序又曰「國史明乎得失之迹，傷人倫之廢，哀刑政之苛，吟詠情性以風其上，故變風發乎情，止乎禮義。發乎情，民之性也；止乎禮義，先王之澤也」，以斯言之，則知樂者本於情性，聲者因乎政教，政教失則人情壞，人情壞則樂聲移，是「變隨人心」也。國史明之，遂吟以風上也，受其風上而行，其失乃行禮義以正之，教化以美之，上政既和，人情自治，是「正由君德」也。云「正之與變，因樂而彰，故曰『莫善於樂』」者，詩序又曰：「治世之音安以樂，其政和；亂世之音怨以怒，其政乖；亡國之音哀以思，其民困。」又尚書益稷篇舜曰「予欲聞六律、五聲、八音，在治忽」，孔安國云：「在察天下(理)治〔理〕及忽怠者。」皆是「因樂而彰」也。案禮記云「大樂與天地同和」，則自生人以來皆有樂性也。世本曰「伏羲造琴瑟」，則其樂器漸於伏羲也。史籍皆言黃帝樂曰雲門，顓頊曰六英，帝嚳曰五莖，堯曰咸池，舜曰大韶，禹曰大夏，湯曰大濩，武曰大(光)〔武〕，〔二九〕(於)〔則〕樂之聲節起自黃帝也。

注「禮所」至「下也」　云「禮所以正君臣、父子之別，明男女、長幼之序」者，此依魏注也。禮〔記〕云「非禮無以辨君臣、上下、長幼之位，非禮無以辨男女、父子、兄弟之親」是也。云「故可以安上化下也」者，釋「安上治民」也。制旨曰：「禮殊事而合敬，樂異(人)〔文〕而同愛。〔三〇〕敬愛之極是謂『要道』，神而明之是謂『至德』。故必由斯人以弘斯教，而後禮樂興焉、政令行焉。以盛德之訓傳於樂聲，則感人深而風俗移易；以盛德之化措諸禮容，則悅者衆而名教著明。蘊乎其樂，章乎其禮，故相待而成矣。然則韶樂存於齊而民不爲之易，周禮備於魯而君不獲其安，亦政教失其極耳，夫豈禮樂之咎乎？」

禮者敬而已矣，敬者禮之本也。**故敬其父則子悦，敬其兄則弟悦，敬其君則臣悦，敬一人而千萬人悦。**居上敬下，盡得懽心，故曰悦也。**所敬者寡而悦者衆，此之謂要道也。**

【疏】「禮者」至「道也」　此承上「莫善於禮」也。言「禮者敬而已矣」，謂禮主於敬也。(入)〔又〕明敬功至廣，〔三二〕是要道也。其要正以謂天子敬人之父則其子皆悦，敬人之兄則其弟皆悦，敬人之君則其臣皆悦，此皆敬父、兄及君一人，則其子、弟及臣千萬人皆悦，故其所敬者寡而悦者衆，即前章所言「先王有至德要道」者，皆此義之謂也。

注「敬者禮之本也」　此依鄭注也。案曲禮曰「毋不敬」是也。

注「居上」至「悦也」　云「居上敬下」者，案尚書五子之歌云「爲人上者奈何不敬」，謂居上位須敬其下。云「盡得懽心，故曰悦也」者，言得懽心則無所不悦也，案孝治章云「故得萬國、百姓及人之懽心」是也。舊注云「『一人』謂父、兄、君，『千萬人』謂子、弟、臣也」者，此依孔傳也。「一人」指受敬之人，則知謂父、兄、君也；「千萬人」指其喜悦者，則知謂子、弟、臣也。(父)〔夫〕子、弟及臣名何啻千萬？〔三三〕言「千萬人」者，舉其大數也。

校勘記

〔一〕萬法兩字　注疏諸本「萬」作「犯」。

〔二〕致親之(孝)〔懽〕　阮云：「正誤『孝』當作『懽』，是也。」據改。

〔三〕盡(終)〔其〕憂謹之心　據注疏諸本改。

〔四〕(終)〔盡〕其哀情也　注云「盡其哀情」，則此處之「終」當作「盡」，據改。

〔五〕(終)〔當〕盡其祥練　據注疏諸本改。今按：下文云「春秋祭祀又當盡其嚴肅」，則此處作「當」是。

〔六〕其有不安(止)〔節〕　阮云：「閩本、監本、毛本『止』作『節』，是也。」據改。

〔七〕(以)〔亦〕舉重以明輕之義　阮云：「毛本上『以』字作『亦』，是也。」據改。

〔八〕其義(奥)〔具〕於彼　阮云：「正誤『奥』作『具』，是也。」據改。

〔九〕祭祀嚴敬之(子)〔事〕　據注疏諸本改。

〔一〇〕嚴敬祭(事)〔祀〕如此　據注疏諸本改。

〔一一〕(刃)〔刀〕劍之屬　阮云：「正誤『刃』作『刀』，依左傳注改。」是，據改。

〔一二〕皆可(立)〔亡〕身者　據注疏諸本及注改。

〔一三〕禮記〔服〕問(喪)云　阮云：「案『問喪』當作『服問』。」是，據改。

〔一四〕君者臣(之)〔所〕稟命　石臺本作「所」，卷子本「之」下有「所」，楊守敬謂重注本當作「所」，且疏云「此依孔傳」，太宰純本作「君者所以稟命也」，則作「所」是，據改。

〔一五〕聖人制作禮(樂)〔法〕　石臺本、卷子本作「法」，疏云「此依孔傳」，太宰純本作「聖人制法所以爲治也」，則作「法」是，據改。

〔一六〕(利)〔刑〕條有三千　據注疏諸本改。

〔一七〕(剳)〔刻〕其額　阮云：「案『剳』當作『刻』。」今按：下文稱「謂刻額爲瘡」，則作「刻」是，據改。

〔一八〕説文云臏膝骨也　今本説文作「髕，厀耑也」，阮云：「『臏』者，『髕』之俗字。」今按：荀子正論「捶笞臏脚」，注：「臏，膝骨也。『臏脚』則刖其膝骨也。」

〔一九〕以（厲）〔麗〕萬民之罪　阮云：「案『厲』當作『麗』。」是，據改。

〔二〇〕凡在（官）〔宫〕者　禮記正義云：「此『在宫』字諸本或爲『在官』，恐與上『在官』相涉而誤也。」阮云：「監本『官』作『宫』，是也。」據改。

〔二一〕里悝師魏　「里」當作「李」，然唐律疏義卷二八云「魏文侯之時里悝制法經六篇」，則當時亦有作「里」者。

〔二二〕授（壁）〔璧〕請亡　據注疏諸本改。

〔二三〕皆爲不孝　注爲「豈唯不孝」，疏則以「皆爲不孝」釋之，卷子本作「皆爲不孝」，蓋元疏未追改而正義因之故也。

〔二四〕故以（右）〔名〕章　阮云：「閩本、監本、毛本『右』作『名』，是也。」據改。

〔二五〕化行而後（徧）〔德〕彰　阮云：「正誤『徧』作『德』，是也。」據改。

〔二六〕述廣要〔道〕之義　阮云：「正誤『要』下補『道』字，是也。」據補。

〔二七〕莫善（君）〔於〕身自行　據注疏諸本改。

〔二八〕（越）〔趨〕舍之情欲　阮云：「監本、毛本『越』作『趨』，是也。」據改。

〔二九〕大（光）〔武〕　據注疏諸本改。

〔三〇〕異（人）〔文〕而同愛　阮云：「案『人』當作『文』。」今按：禮記樂記稱「禮者殊事合敬者也，樂者異文合愛者也」，阮説是，據改。

〔三一〕（入）〔又〕明敬功至廣　阮云：「閩本、監本、毛本『入』作『又』，是也。」據改。

〔三二〕（父）〔夫〕子弟及臣　據注疏諸本改。

廣至德章第十三

【疏】首章標「至德」之目，此章明廣至德之義，故以名章，次廣要道之後。

子曰：君子之教以孝也，非家至而日見之也。言教不必家到户至，〔一〕日見而語之，但行孝於内，其化自流於外。教以孝，所以敬天下之爲人父者也；教以悌，所以敬天下之爲人兄者也；舉孝悌以爲教，則天下之爲人子弟者無不敬其父兄也。教以臣，所以敬天下之爲人君者也。舉臣道以爲教，則天下之爲人臣者無不敬其君也。

【疏】「子曰」至「君者也」此夫子述廣至德之義。言聖人君子教人行孝事其親者，非家家悉至而日見之。但教之以孝，則天下之爲人父者皆得其子之敬也；教之以悌，則天下之爲人兄者皆得其弟之敬也；教之以臣，則天下之爲〔人〕君者皆得其臣之敬〔也〕。〔二〕

注「言教」至「於外」此依鄭注也。祭義所謂「孝悌發諸朝廷，行乎道路，至乎閭巷」，是「流於外」〔也〕。

注「舉孝」至「父兄也」云「舉孝悌以爲教」者，此依王注也。案禮記祭義曰「祀乎明堂，所以教諸侯之孝也；食三老五更於太學，所以教諸侯之弟也」，此即謂「發諸朝廷，至乎州里」是也。云「則天下之爲人子弟者無不敬其父兄也」者，言皆敬也。案舊注用應劭漢官儀云「天子無父，父事三老，兄事五更」，乃以事父、事兄爲教孝悌之禮。案禮，教(敬)〔孝〕自有明文，〔三〕假令天子事三老蓋同庶人「倍年以長」之敬，本非教孝子之事，今所不取也。

注「舉臣」至「君也」　此依王注也。案祭義云「朝覲所以教諸侯之臣也」者，諸侯，列國之君也，若朝覲於王則身行臣禮。〔四〕言聖人制此朝覲之法，本以教諸侯之爲臣也，則諸侯之卿大夫亦各放象其君，而行事君之禮也。劉炫以爲將教爲臣之道，固須天子身行者，案禮運曰「故先王患禮之不達於下也，故祭帝於郊」，謂郊祭之禮，册祝稱臣，是亦以見天子以身率下之義也。

詩云：「愷悌君子，民之父母。」愷，樂也。悌，易也。義取君以樂易之道化人，則爲天下蒼生之父母也。非至德，其孰能順民如此其大者乎？

【疏】「詩云」至「者乎」　夫子既述至德之教已畢，乃引大雅(洞)〔泂〕酌之詩以贊美之。〔五〕愷，樂也。悌，易也。言樂易之君子，能順民心而行教化，乃爲民之父母。若非至德之君，其誰能順民心如此其廣大者乎？　孰，誰也。案禮記表記稱：「子言之：君子所謂仁者，其難乎？詩云：『凱弟君子，民之父母。』凱以強教之，弟以説安之。使民有父之尊，有母之親，如此而後可以爲民父母矣，非至德，其孰能如此乎？」此章於「孰能」下加「順民」，「如此」下加「其大者」，與表記爲異，其大意不殊。而皇侃以爲并結要道、至德兩章，或失經旨也。劉炫以爲詩美民之父母，證君之行教，未證至德之大，故於詩下别起歎辭，所以異於餘章，頗近之矣。

注「愷樂」至「母也」　「愷，樂」、「悌，易」，釋詁文。云「義取君以樂易之道化人，則爲天下蒼生之父母也」者，亦言引詩大意如此。「蒼生」，尚書文，謂天下黔首蒼蒼然，衆多之貌也。孔安國以爲蒼蒼然生草木之處，今不取也。

廣揚名章第十四

【疏】首章略言揚名之義而未審，而於此廣之，故以名章，次至德之後。

子曰：君子之事親孝，故忠可移於君；以孝事君則忠，事兄悌，故順可移於長；以敬事長則順。居家理，故治可移於官。君子所居則化，故可移於官也。是以行成於內，而名立於後世矣。修上三德於內，名自傳於後代。

【疏】「子曰」至「世矣」 此夫子廣述揚名之義。言君子之事親能孝者，故資孝爲忠，可移孝行以事君也；事兄能悌者，故資悌爲順，可移悌行以事長也；居家能理者，故資治爲政，可移(於)〔治〕績以施於官也。〔六〕是以君子(居)〔若〕能以此善行成之於內，〔七〕則令名立於身没之後也。先儒以爲「居家理」下闕一「故」字，御注加之。

注「以孝事君則忠」 此(一)〔士〕章之文，〔八〕義已見於上。

注「以敬事長則順」 此依鄭注也，亦士章之敬悌義同，已具上釋。然人之行敬則有輕有重，敬父、敬君則重也，敬兄、敬長則輕也。

注「君子」至「官也」 此依鄭注也。論語云「君子不器」，言無所不施。

注「修上」至「後代」　此依鄭注也。「三德」則上章云移孝以事於君、移悌以事於長、移理以施於官也。言此三德不失，則其令名當自傳於後世。經云「立」而注爲「傳」者，「立」謂常有之名，「傳」謂不絶之稱。但能不絶，即是常有之行，故以「傳」釋「立」也。

諫（諍）〔爭〕章第十五〔九〕

【疏】此章言爲臣子之道，若遇君父有失皆（當）諫争也。曾子（問）〔因〕聞揚名已上之義，〔一〇〕而問子從父之令，夫子以令有善惡，不可盡從，乃爲述諫争之事，故以名章，次揚名之後。

曾子曰：若夫慈愛恭敬、安親揚名則聞命矣，敢問子從父之令，可謂孝乎？ 事父有隱無犯，又敬不違，故疑而問之。

【疏】「曾子」至「孝乎」　前章以來唯論愛敬及安親之事，未説規諫之道，故又假曾子之問曰：「若夫慈愛恭敬、安親揚名則已聞命矣，敢問子從父之教令，亦可謂之孝乎？」疑而問之，故稱「乎」也。尋上所陳，唯言敬愛，未及慈恭，而曾子並言慈恭已聞命矣者，皇侃以爲「上陳愛敬，則包於慈恭矣。慈者孜孜，愛者念惜，恭者貌多心少，敬者心多貌少」。如侃之説，則慈恭、愛敬之别，何故云「包慈恭」也？或曰：慈者接下之别名，愛者奉上之通稱。劉炫引禮記内則説「子事父母『慈以旨甘』，喪服四制云高宗『慈良於喪』，莊子曰『事親則孝慈』，此並施於事上。夫愛出於內，慈爲愛體；敬生於心，恭爲敬貌。此經悉陳事親之迹，寧有接下之文？夫子據心而爲言，所以唯稱愛敬；曾參體貌而兼取，所以并舉慈恭」。如劉炫此言，則知慈是愛親也，恭是敬親也。「安親」(則)〔即〕上章云「故生則親安之」，「揚名」即上章云「揚名於後世」矣。經稱「夫」有六焉，蓋發言之端也，一曰「夫孝，始於事親」，二曰「夫孝，德之本」，三曰「夫孝，(人)〔天〕之經」，〔一一〕四曰「夫然，故生則親安之」，五曰「夫聖人之德」。此章云「若夫慈愛」，並卻明前理而下有其趣，故言「夫」以起之。劉(獻)〔瓛〕曰：「夫猶凡也。」〔一二〕

注「事父」至「問之」　禮記檀弓云「事親有隱而無犯」，以經云「從父之令」，故注變「親」爲「父」。案論語云：「事父母幾諫，見志不從，又敬不違。」引此二文以成疑，疏證曾子有可問之端也。

子曰：是何言與，是何言與？有非而從，成父(之)〔不〕義，〔一三〕理所不可，故再言之。昔者，天子有爭臣七人，雖無道不失(其)天下；〔一四〕諸侯有爭臣五人，雖無道不失其國；大夫有爭臣三人，雖無道不失其家；降殺以兩，尊卑之差。「爭」謂諫也。言雖無道，爲有爭臣，則終不至失天下、亡家國也。士有爭友，則身不離於令名；令，善也。益者三友，言受忠告，故不失其善名。父有爭子，則身不陷於不義。父失則諫，故免陷於不義。故當不義，則子不可以不爭於父，臣不可以不爭於君。不爭則非忠孝。故當不義則爭之，從父之令又焉得爲孝乎？

【疏】「子曰」至「孝乎」　夫子以曾參所問於理乖僻，(陳)〔非〕諫争之義，〔一五〕因乃諮而答之，曰：「汝之此問是何言與？」再言之者，明其深不可也。既諮之後，乃爲曾子説必須諫争之事，言臣之諫君、子之諫父，自古攸然。故言昔者天子治天下，有諫争之臣七人，雖復無道，昧於政教，不至失於天下。言「無道」者，謂無道德。諸侯有諫争之臣五人，雖無道亦不失其國也；大夫有諫争之臣三人，雖無道亦不失於其家；士有諫争之友，則其身不離遠於善名也；父有諫争之子，則身不陷於不義。故君、父有不義之事，凡爲臣、子者不可以不諫争，以(比)〔此〕之故，〔一六〕當不義則須諫之。又結此以答曾子曰：「今若每事從父之令，又焉得爲孝乎？」言不得也。案曾子唯問從父之令，不指當時而言「昔者」，皇侃云「夫子述孝經之時，當周亂衰之代，無此諫争之臣，故言『昔者』也」；不言「先王」而言「天子」者，諸稱「先王」皆指聖德之主，此言無道，所以不稱「先王」也。

注「有非」至「不義」　言父有非，子從而行，不諫是成父之不義。云「理所不可，故再言之」者，義見於上。

注「降殺」至「國也」　左傳云「自上以下，降殺以兩，禮也」，謂天子尊，故七人；諸侯卑於天子，降兩，故有五人；大夫卑於諸侯，降兩，故有三人。論語云「信而後諫」，左傳云「伏死而争」，此蓋謂極諫爲争也。若隨無道，人各有心，鬼神乏主，季梁猶在，楚不敢伐，是有争臣不亡其國。舉中而率，則大夫、天子從可知也。不言「國家」，嫌如獨指一國也。「國」則諸侯也，「家」則大夫也，注貴省文，故曰「家國」也。案孔、鄭二注及先儒所傳，並引禮記文王世子以解七人之義。案文王世子記曰：「虞、夏、商、周有師保，有疑丞，設四輔及三公，不必備，惟其人。」又尚書大傳曰：「古者天子必有四鄰，前曰疑，後曰丞，左曰輔，右曰弼。天子有問無對，責之疑；可志而不志，責之丞；可正而不正，責之輔；可揚而不揚，責之弼。其爵視卿，其禄視次國之君。」〔一七〕大傳「四鄰」則(見)〔記〕之「四輔」，兼三公，以充七人之數。諸侯五者，孔傳指天子所命之孤及三卿與上大夫，王肅指三卿、內史、外史，以充五人之數。大夫三者，孔傳指家相、(室)〔宗〕老、側室，〔一八〕以充三人之數，王肅無側室而謂邑宰。斯並以意解説，恐非經義。

劉炫云：「案下文云『子不可以不争於父，臣不可以不争於君』，則爲子、爲臣皆當諫争，豈獨大臣當争，小臣不争乎？豈獨長子當争其父，衆子不争者乎？若父有十子皆得諫争，王之百辟惟許七人，是天子之佐乃少於匹夫也。又案洛誥云成王謂周公曰『誕保文武受民，亂爲四輔』，冏命穆王命伯冏『惟予一人無良，實賴左右前後有位之士匡其不及』，據此而言，則『左右前後』，四輔之謂也。疑、丞、輔、弼當指於諸臣，非是别立官也。」謹案：周禮不列疑、丞，周官歷叙群司，顧命總名卿士，左傳云「龍師」、「鳥紀」，曲禮云「五官」、「六大」，無言疑、丞、輔、弼專掌諫争者。若使爵視於卿，禄比次國，周禮何以不載，經傳何以無文？且伏生大傳以「四輔」解爲四鄰，孔注尚書以「四鄰」爲前後左右之臣，而不爲疑、丞、輔、弼，安得又采其説也？左傳稱「周（主申父）〔辛甲〕之爲太史也，（一九）命百官官箴王闕」，師曠説匡諫之事，「史爲書，（鼓）〔瞽〕爲詩，（二〇）工誦箴諫，大夫規誨，士傳言。官師相規，工執藝事以諫」，此則（足）〔凡〕在人臣皆合諫也。（二一）夫子言天子有天下之廣，七人則足，以見諫争功之大，故舉少以言之也。然父有争子、士有争友，雖無定數，要一人爲率。自下而上稍增二人，則從上而下，當如禮之降殺，故舉七、五、三人也。劉炫之譏義雖合通途，何者？傳載：忠言比於藥石，逆耳苦口，隨要而施。若指不備之員以（實）〔匡〕無道之主，（二二）欲求不失，其可得乎？先儒所論，今不取也。

注「令善」至「善名」　「令，善也」，釋詁文。云「益者三友」，論語文，即「友直、友諒、友多聞，益矣」是也。云「言受忠告，故不失其善名」者，論語云：「子貢問友，子曰：『忠告而善道之。』」言善名爲受忠告而後成也。大夫以上皆云「不失」，士獨云「不離」，不離即不失也。

注「父失」至「不義」　此依鄭注也。案内則云「父母有過，下氣怡色，柔聲以諫。諫若不入，起敬起孝，説則復諫」，曲禮曰「子之事親也，三諫而不聽，則號泣而隨之」，言父有非，故須諫之以正道，庶免陷於不義也。

校勘記

〔一〕家到户至　阮云：「正義曰『此依鄭注也』，案李善注文選引鄭注作『門到户至』，石臺本『門』改『家』，諸本仍之。」今按：卷子本亦作「門」。

〔二〕天下之爲〔人〕君者　阮云：「正誤『爲』下補『人』字，是也。」據補。

〔三〕教（敬）〔孝〕自有明文　正誤云：「『教』當『孝』字之誤。」今按：疏此處辨舊注以教敬釋「舉孝悌以爲教」之非，所謂「自有明文」者，即上文所引禮記祭義文，則不當作「敬」，故據改。

〔四〕若朝覲於王　阮云：「閩本、監本、毛本『若』作『君』，是也。」今按：作「若」不誤。

〔五〕大雅（洞）〔泂〕酌之詩　據注疏諸本及今本詩經改。

〔六〕可移（於）〔治〕績　阮云：「正誤『於』作『治』，是也。」據改。

〔七〕（居）〔若〕能以此　阮云：「正誤『居』作『若』，是也。」據改。

〔八〕（二）〔士〕章之文　阮云：「正誤『二』改『士』，是也。」據改。

〔九〕諫（諍）〔争〕章　阮云：「石臺本、唐石經、岳本作『争』，案正義前後並作『諫争』，經『争臣』、『争友』、『争子』，今本白虎通引並作『諍』，非。」阮説是，據改（下文凡屬此例皆徑改，且不再存校改符號）。

〔一〇〕（問）〔因〕聞揚名已上之義　阮云：「諸本『因』作『問』，依正誤改。」是，據改。

〔一一〕夫孝（人）〔天〕之經　阮云：「案『人』當作『天』。」是，據改。

〔一二〕劉（獻）〔瓛〕　阮云：「閩本、監本、毛本『獻』作『瓛』，案作『獻』避所諱。」據改。

〔一三〕成父（之）〔不〕義　據注疏諸本改。今按：疏稱「不諫是成父之不義」，則注之「之」可無而「不」不可闕。

〔一四〕不失（其）天下　阮云：「石臺本無『其』字，釋文同，案正義本無『其』字。」今按：韓詩外傳與漢書王嘉傳引有，而漢書霍光傳引則無，是漢時有無雜出。釋文雖謂「其」衍字，然太宰純本、卷子本無，而唐石經、敦煌鈔本（斯七〇七、七二八）、古文石刻本則有，是漢以後仍有無雜出。誠如阮所言，正義所據本無，故據删。

〔一五〕（陳）〔非〕諫争之義　阮云：「正誤『陳』作『非』，是也。」據改。

〔一六〕以（比）〔此〕之故　據注疏諸本改。

〔一七〕次國之君　孫之騄輯本尚書大傳「次」作「大」，今按：禮記文王世子之正義引作「次」。

〔一八〕家相（室）〔宗〕老側室　太宰純本「室」作「宗」，阮福據盧文弨校本改爲「宗」。今按：儀禮喪服「公卿大夫室老士貴臣，其餘皆衆臣也」，鄭注云：「室老，家相也。」則室老不當與家相並列，而國語魯語下「文伯之母欲室文伯，饗其宗老」，韋注：「家臣稱『老』。宗，宗人主禮樂者也。」吴浩十三經義疑謂：「宗人之名通於上下，魯語『文伯之母欲室文伯，饗其宗老』，韋昭注：『宗，宗人。』晉語『范文子謂其宗祝』，韋昭注亦曰：『宗，宗人。』此卿大夫之宗人也。」則「宗老」是，據改。

〔一九〕（主申父）〔辛甲〕　阮云：「毛本『父』作『甫』，案『主申父』當作『辛甲』。」是，據改。

〔二〇〕（鼓）〔瞽〕爲詩　阮云：「閩本、監本、毛本作『瞽』，此本誤『鼓』，今改正。」是，據改。

〔二一〕（足）〔凡〕在人臣　據注疏諸本改。

〔二二〕以（寶）〔匡〕無道之主　阮云：「閩本、監本、毛本作『匡』，此本誤『寶』，今改正。」是，據改。

(感)應〔感〕章第十六〔一〕

【疏】此章言「天地明察，神明彰矣」，又云「孝悌之(事)〔至〕，〔二〕通於神明」，皆是應感之事也。前章論諫争之事，言人主若從諫争之善，必能修身慎行，致應感之福，故以名章，次於諫争之後。

子曰：昔者明王事父孝，故事天明；事母孝，故事地察；王者父事天、母事地，言能(致)〔敬〕事宗廟則事天地能明察也。〔三〕長幼順，故上下治；君能尊諸父，先諸兄，則長幼之道順，君人之化理。天地明察，神明彰矣。事天地能明察，則神感至(誠)〔誠〕而降福(佑)〔祐〕，〔四〕故曰彰也。

【疏】「子曰昔者明王」至「神明彰矣」　此章夫子述明王以孝事父母，能致(感)應〔感〕之事。〔五〕言昔者明聖之王事父能孝，故事天能明，言能明天之道，故易説卦云「乾爲天，爲父」，此言「事父孝，故(能)事天明」，是事父之孝通〔於〕天也。事母能孝，故事地能察，言能察地之理，故説卦云「坤爲地，爲母」，此言「事母孝，故事地察」，則是事母之(道)〔孝〕通於地也。明王又於宗族長幼之中皆順於禮，則凡在上下之人皆自化也。又明王之事天地既能明察，必致福應，則神明之功彰見，謂陰陽和，風雨時，人無疾厲，天下安寧也。經稱「明王」者二焉，一曰「昔者明王之以孝治天下也」，二即此章言「昔者明王事父孝」，俱是聖明之義，與先王爲一也。言「先王」，示及遠也；言「明王」，示聰明也。

注「王者」至「察也」 云「王者父事天、母事地」者，此依王注義也。案白虎通云「王者父天母地」，此言「事」者，謂移事父母之孝以事天地也。云「言能敬事宗廟則事天地能明察也」者，謂烝嘗以時，疏數合禮，是「敬事宗廟」也。既能敬〔事〕宗廟，則不違犯天地之時，若祭義曾子曰：「樹木以時（投）〔伐〕焉，〔六〕禽獸以時殺焉，夫子曰：『斷一樹，殺一獸不以其時，非孝也。』」又王制曰：「獺祭魚，然後虞人入澤梁；豺祭獸，然後田獵；鳩化爲鷹，然後設尉羅；草木零落，然後入山林；昆蟲未蟄，不以火田。」此則令無大小，皆順天地，是「事天地能明察」也。

注「君能」至「化理」 此言明王能順長幼之道，則臣下化之而自理也，謂放效於君。書曰「違上所命，從厥攸好」，是效之也。

注「事天」至「彰也」 （誠）〔諴〕，和也。〔七〕言事天地若能明察，則神祇感其至和，（不）〔而〕降福應以祐助之，〔八〕是神明之功彰見也。書云「至（誠）〔諴〕感神」，〔九〕又瑞應圖曰「聖人能順天地，則天降膏露，地出醴泉」，詩云「降福穰穰」，易曰「自天祐之，吉，無不利」，注約諸文以釋之也。案此則「神感至誠」當爲「至（誠）〔諴〕」，〔一〇〕今定本作「至誠」，字之誤也。

故雖天子，必有尊也，言有父也；必有先也，言有兄也。「父」謂諸父，「兄」謂諸兄，皆祖考之胤也。禮，君讌族人，與父兄齒也。宗廟致敬，不忘親也；言能敬事宗廟則不敢忘其親也。修身慎行，恐辱先也。天子雖無上於天下，猶修持其身，謹慎其行，恐辱先祖而毀盛業也。宗廟致敬，鬼神著矣，事宗廟能盡敬則祖考來格，享於克誠，故曰著也。孝悌之至，通於神明，光于四海，無所不通。能敬宗廟、順長幼，以極孝悌之心，則至性通於神明，光于四海，〔一一〕故曰「無所不通」。

【疏】「故雖」至「不通」 「故」者，連上起下之辭。以上文云「事父孝」，又云「事母孝」，又云「長幼順」，所以於此述尊父先兄之義，以及致敬與修身之道，兼言鬼神之著，孝悌之至，無所不通也。言王者雖貴爲天子，於天下宗族之中必有所尊之者，謂天子有諸父也；必有所先之者，謂天子有諸兄也。宗廟致敬，是不忘其親；修身慎行，是不辱(於)〔其〕祖考。〔一二〕故能致敬於宗廟，則鬼神明著而歆享之。是明王有孝悌之至性，感通神明，則能光于四海，無所不通。然諫爭兼有諸侯、大夫，此章唯稱王者，言王能致應感，則諸侯已下亦當自勉勗也。

注「父謂」至「齒也」 云「『父』謂諸父，『兄』謂諸兄」者，父之昆弟曰伯父、叔父，己之昆曰兄，其屬非一，故言「諸」也。詩曰「以速諸父」，又曰「復我諸兄」是也。云「皆祖考之胤也」者，案曲禮曰「父死曰『考』」，言父以上通謂之「祖考」。胤，嗣也。謂其廟未毀，其胤皆是王者之族親也。云「禮，君讌族人，與父兄齒也」者，此依孔傳也。案詩序「角弓，父兄刺幽王」，蓋謂君之諸父、諸兄也。古者天子祭畢，同姓則留之，謂與族人讌，故其詩曰「諸父兄弟，備言燕私」，鄭箋云：「祭畢，歸賓客之俎，同姓則留與之燕。」是天子讌族人也。又禮記文王世子云「若公與族燕，則異姓爲賓，膳宰爲主人，公與父兄齒」，則知燕族人亦以尊卑爲列，齒於父兄之下也。

注「言能」至「親也」 案禮記文王世子稱「五廟之孫，祖廟未毀，雖爲庶人，冠、取妻必(吉)〔告〕，〔一三〕死必赴」，是不忘親也。禮記大傳稱「其不可得變革者則有矣，親親也，尊尊也，長長也」，「親親故尊祖，尊祖故敬宗，敬宗故收族，收族故宗廟嚴」，言君致敬宗廟則不敢忘其親也。

注「天子」至「業也」 云「天子雖無上於天下」者，此依(正)〔王〕注也。〔一四〕禮〔記〕坊記云「天無二日，(上)〔土〕無二王，〔一五〕家無二主，尊無二上」，謂普天之下，天子至尊也。云「猶修持其身，謹慎其行，恐辱先祖而毀盛業也」者，案禮記祭義云「父母既沒，慎行」，〔是〕不辱先也。「盛業」謂先祖積德(素)〔累〕功，〔一六〕而有天下之業。上言「必有先也」，先，兄也；此言「恐辱先也」，是先祖也。

注「事宗」至「著也」　云「祖考來格」者，尚書益稷文。格，至也。言事宗廟能恭敬則祖考之神來格。詩曰「神保是格，報以景福」，亦是言神之至。云「享於克誠，故曰著也」者，「享於克誠」，尚書太甲篇文，孔傳云：「言鬼神不保一人，能誠信者則享其祀。」則「祖考來格」、「享於克誠」皆昭著之義。上言「宗廟致敬」，謂天子尊諸父，先諸兄，致敬祖考，不敢忘其親也；此言「宗廟致敬」，述天子致敬宗廟，能感鬼神，雖同稱「致敬」而各有所屬也。舊注以爲「事生者易，事死者難，聖人慎之，故重其文」，今不取也。上言「神明」謂天地之神也，此言「鬼神」謂祖考之神。易曰：「陰陽不測之謂神。」先儒釋云：若就三才相對，則天曰神、地曰祇、人曰鬼。言天道玄遠難可測，故曰「神」也；祇者知也，言地去人近，長育可知，故曰「祇」也；鬼者歸也，言人生於無，還歸於無，故曰「鬼」也，亦謂之「神」。案五帝德云黄帝「死而民畏其神百年」是也。上言「神明」，尊天地也；此言「鬼神」，尊祖考也。

注「能敬」至「不通」　〔云〕「能敬宗廟，順長幼，以極孝悌之心」者，敬宗廟爲孝，順長幼爲悌，此極孝悌之心也。云「則至性通於神明，光于四海」〔者〕，(故曰)〔言〕至性如此則通於神明，光于四海。

詩云：「自西自東，自南自北，無思不服。」義取德教流行，莫不服義從化也。

【疏】「詩云」至「不服」　夫子述孝悌之事，應感之美既畢，乃引大雅文王有聲之詩以贊美之。自，從也。言從近及遠，至於四方皆感德化，無有思而不服之者，以明「無所不通」。詩本文云「鎬京辟雍，自西自東，自南自北，無思不服」，此則「雍」「東」、「北」「服」對句爲韻，而皇侃云：「先言『西』者，此是周詩，謂化從西起，所以文王爲西伯，又爲西鄰，自西而東滅紂。」恐非其義也。

注「義取」至「化也」　此依鄭注也。「德(化)〔教〕流行」則「無(所)不通」，〔一七〕「服義從化」即「無思不服」，言服明王之義，從明王之化也。

事君章第十七

【疏】此章首言「君子之事上」，又言「進思盡忠，退思補過」，皆是事君之道。孔子曰：「天下有道則見，無道則隱。」前章言明王之德、應感之美，天下從化，無思不服。此（孝）〔君〕子（升）〔在〕朝事君之時也，故以名章，次應感之後。

子曰：（孝）〔君〕子之事上也，〔一八〕「上」謂君也。**進思盡忠，**進見於君則思盡忠節。**退思補過，**君有過失則思補益。**將順其美，**將，行也。君有美善則順而行之。**匡救其惡，**匡，正也。救，止也。君有過惡則正而止之。**故上下能相親也。**下以忠事上，上以義接下，君臣同德，故能相親。

【疏】「子曰」至「親也」。此明賢人君子之事君也。言入朝進見，與謀慮國事則思盡其忠節；若退朝而歸，常念己之職事則思補君之過失；其於政化，則當順行君之美道，止正君之過惡。如此則能君臣上下情志通協，能相親也。經稱「君子」有七焉，一曰「君子不貴」，二曰「君子則不然」，三曰「淑人君子」，四曰「君子之教以孝」，五曰「愷悌君子」，已上皆斷章，指於聖人君子，謂居君位而子下人也；六曰「君子之事親孝」（故）〔及〕此章「君子之事上」，則皆指於賢人君子也。

注「上謂君也」　此對論語云「孝悌而好犯上者鮮矣」，彼「上」謂凡在己上者，此「上」惟指君，故云『上』謂君也」。

注「進見」至「忠節」　此依韋注也。説文云：「忠，敬也。」盡心曰忠。字詁曰「忠，直也」，論語曰「臣事君以忠」，則忠者善事君之名也。節，操也。言事君者敬其職事，直其操行，盡其忠誠也。言臣常思盡其節操，能致身授命也。

注「君有」至「補益」　案舊注，韋昭云「退歸私室則思補其身過」，以禮記少儀曰「朝廷曰退，燕遊曰歸」，左傳引詩曰「退食自公」，杜預注：「臣自公門而退入私門無不順禮。」室猶家也。謂退朝理公事畢而還家之時，則當思慮以補身之過。故國語曰「士朝而受業，晝而講貫，夕而習復，夜而計過，無憾而後即安」，言若有憾則不能安，是思自補也。案左傳：晉荀林父爲楚所敗，歸請死於晉侯，晉侯許之，士渥濁諫曰：「林父之事君也，進思盡忠，退思補過。」晉侯赦之，使復其位。是其義也，文意正與此同，故注依此傳文而釋之。今云「君有過〔失〕則思補益」，出制旨也，義取詩大雅烝民云「衮職有闕，惟仲山甫補之」，毛傳云「有衮冕者，君之上服也。『仲山甫補之』，善補過也」，鄭箋云：「『衮職』者，不敢斥王言也。王之職有(缺)〔闕〕，〔一九〕輒能補之者，仲山甫也。」此理爲勝，故易舊也。

注「將行」至「行之」　此依王注也。案孔注尚書太誓云「肅將天威」爲「敬行天罰」，是「將」訓爲行也。言君施政教有美則當順而行之。

注「匡正也救止也」　此依王注也。「匡，正〔也〕」，釋(詁)〔言〕文也。〔二〇〕馬融注論語云：「救猶止也。」云「君有過惡則正而止之」者，尚書云「予違汝弼，汝無面從」是也。

注「下以」至「相親」　此依魏注也。書曰「居上克明，爲下克忠」，是其義也。左傳曰「君義臣行」，如此則「能相親」也。

詩云：「心乎愛矣，遐不謂矣。中心藏之，何日忘之？」　遐，遠也。義取臣心愛君，雖離左右不謂爲遠，愛君之志恒藏心中，無日蹔忘也。

【疏】「詩云」至「忘之」　夫子述事君之道既已，乃引小雅隰桑之詩以結之。言忠臣事君，雖復有時離遠，不在君之左右，然其心之愛君，不謂爲遠，中心常藏事君之道，何日暫忘之。

注「遐遠」至「忘也」　云「遐，遠也。義取臣心愛君，雖離左右不謂爲遠」者，「遐，遠也」，釋詁文，此釋「心乎愛矣，遐不謂矣」。云「愛君之志恒藏心中，無日蹔忘也」者，釋「中心藏之，何日忘之」。案檀弓説事君之禮云「左右就養有方」，此則臣之事君有常在左右之義也，若周公出征管叔、蔡叔，召公聽訟於甘棠，是離左右也。

校勘記

〔一〕（感）應〔感〕章　阮云：「石臺本、唐石經、岳本作『應感』，正義前後並同，今本作『感應』，依鄭注本改，非正義本也。」是，據改。

〔二〕孝悌之（事）〔至〕　阮云：「案『事』當作『至』。」是，據改。

〔三〕能（致）〔敬〕事宗廟　阮云：「石臺本、岳本、閩本、監本、毛本『致』作『敬』，不誤。」今按：疏亦引作「敬事宗廟」，作「敬」是，據改。

〔四〕降福（佑）〔祐〕　石臺本、岳本、卷子本作「祐」，疏下文同，據改。

〔五〕（感）應〔感〕之事　阮云：「案『感應』當作『應感』，此處誤倒。」據改。

〔六〕以時（投）〔伐〕焉　據注疏諸本改。

〔七〕（誠）〔諴〕和也　阮云：「監本、毛本『誠』作『諴』，是也。」今按：疏謂「今定本作『至誠』，字之誤也」，可知疏以「諴」爲釋，且經傳訓釋未有以「和」釋「誠」者，而「諴，和也」乃見於説文，則作「諴」是，據改。

〔八〕（不）〔而〕降福應　阮云：「閩本、監本、毛本『不』作『而』，是也。」據改。

〔九〕至（誠）〔諴〕感神　阮云：「毛本『誠』作『諴』，是也。」據改。

〔一〇〕至（誠）〔諴〕　阮云：「毛本『誠』作『諴』，是也。」據改。

〔一一〕光于四海　石臺本、岳本「于」作「於」，卷子本「光于」作「充於」，楊守敬云：「乃知以『充』釋『光』，故改『于』作『於』。」今按：阮校謂經之「光」原必作「横」，且云：「鄭注樂記『號以立横』、孔子閒居『以横於天下』並云：『横，充也。』即爾雅之『桄，充也』。」亦可證注之「光」本當作「充」。

〔一二〕不辱（於）〔其〕祖考　據注疏諸本改。

〔一三〕冠取妻必（吉）〔告〕　據注疏諸本改。

〔一四〕此依（正）〔王〕注　阮云：「閩本、監本、毛本『正』作『王』，是也。」據改。

〔一五〕（上）〔士〕無二王　據注疏諸本及今本禮記改。

〔一六〕積德（素）〔累〕功　據注疏諸本改。

〔一七〕德（化）〔教〕流行　阮云：「諸本『教』作『化』，依正誤改。」是，據改。

〔一八〕（孝）〔君〕子之事上也　阮云：「石臺本、唐石經、宋熙寧石刻、岳本、閩本、監本、毛本作『君』，此本誤『孝』，今改正。」今按：章題疏明言「此章首言『君子之事上』」，疏下文亦謂「此明賢人君子之事君也」，可知作「君子」是，據改。

〔一九〕王之職有（缺）〔闕〕　阮云：「監本、毛本『缺』作『闕』，是也。」據改。

〔二〇〕釋（詁）〔言〕文也　阮云：「案『詁』當作『言』。」是，據改。

喪親章第十八

【疏】此章首云「孝子之喪親也」，故章中皆論喪親之事。喪，亡也、失也。父母之亡没謂之「喪親」，言孝子亡失其親也，故以名章，結之於末矣。

子曰：孝子之喪親也，生事已畢，死事未見，故發此（事）〔章〕。〔一〕哭不偯，〔二〕氣竭而息，聲不委曲。禮無容，觸地無容。言不文，不爲文飾。服美不安，不安美飾，故服縗麻。聞樂不樂，悲哀在心，故不樂也。食旨不甘，旨，美也。不甘美味，故（蔬）〔疏〕食水飲。〔三〕此哀（戚）〔慼〕之情也。〔四〕謂上六句。三日而食，教民無以死傷生，毁不滅性，此聖人之政也。不食三日，哀毁過情，滅性而死，皆虧孝道，故聖人制禮施教，不令至於殞滅。喪不過三年，示民有終也。三年之喪，天下達禮，使不肖企及，賢者俯從。夫孝子有終身之憂，聖人以三年爲制者，使人知有終竟之限也。

【疏】「子曰」至「終也」。此夫子述喪親之義。言孝子之喪親，哭以氣竭而止，不有餘偯之聲；舉措進退之禮，無趨翔之容；有事應言則言，不爲文飾；服美不以爲安，聞樂不以爲樂，假食美味不以爲甘，此上六事皆哀慼之情也。「三日而食」者，聖人設教，無以親死多日不食傷及生人，雖即毁瘠，不令至於殞滅性命，此聖人所制喪禮之政也。又服喪不過三年，示民有終畢之（終）〔限〕也。〔五〕

注「生事」至「此事〔章〕」　此依鄭注也。「生事」謂上十七章。説生事之禮已畢，其死事經則未見，故又發此章以言也。

注「氣竭」至「委曲」　此依鄭注也。禮記間傳曰「斬衰之哭，若往而不反；齊衰之哭，若往而反」，此注據斬衰而言之，是氣竭而後止息。（文）〔又〕曰「大功之哭，〔六〕三曲而偯」，鄭注云：「三曲，一舉聲而三折也。偯，聲餘從容也。」是偯爲聲餘委曲也。斬衰則不偯，故云「聲不委曲」也。

注「觸地無容」　此禮記問喪之文也。以其悲哀在心，故形變於外，所以「稽顙，觸地無容，哀之至也」。

注「不爲文飾」　案喪服四制云「三年之喪，君不言」，又云「不言而事行者扶而起，言而后事行者杖而起」，鄭玄云：「『扶而起』謂天子、諸侯也，『杖而起』謂大夫、士也。」今此經云「言不文」，則是謂臣下也。雖則有言，志在哀感，不爲文飾也。

注「不安」至「縗麻」　案論語孔子責宰我，云：「食夫稻，衣夫錦，於汝安乎？」「美飾」謂錦繡之類也，故禮記問喪云「身不安美」是也。孝子喪親，心如斬截，爲其不安美飾，故聖人制禮，令服縗麻。〔縗〕，當心（麄）〔麤〕布，〔七〕長六寸、廣四寸。麻（爲）〔謂〕腰絰、〔八〕首絰，俱以麻爲之。縗之言摧也，絰之言實也。孝子服之，明其心實摧痛也。韋昭引書云「成王既崩，康王冕服即位，既事畢，反喪服」，據此則天子、諸侯但（位）定〔位〕初喪，〔九〕是皆服美，故宜「不安」也。

注「悲哀」至「樂也」　此依鄭注也。言至痛中發，悲哀在心，雖聞樂聲，不爲樂也。

注「旨美」至「水飲」　「旨，美〔也〕」，經傳常訓也。嚴植之曰：「美食，人之所甘，孝子不以爲甘，故問喪云『口不甘味』，是『不甘美味』也；間傳曰『父母之喪，既殯，食粥；既虞卒哭，疏食水飲，不食菜果』，是『疏食水飲』也。」韋昭引曲禮云「有疾則飲酒食肉」，是爲食旨，故宜「不甘」也。

注「不食」至「殞滅」　經云「三日而食，毀不滅性」，注言「不食三日」，即三日不食也。云「哀毀過情」者，是毀瘠過度也。言三日不食及毀瘠過度，因此二者有致危亡，皆虧孝行之道。禮記問喪云「親始死，傷腎乾肝焦肺，水漿不入口三日」，又間傳稱「斬衰三日不食」，此云「三日而食」者何？劉炫言三日之後乃食，皆謂滿三日則食也。云「故聖人制禮施教，不令至於殞滅」者，曲禮云「居喪之禮，毀瘠不形」，又曰「不勝喪，乃比於不慈不孝」是也。

注「三年」至「限也」　云「三年之喪，天下達禮」者，此依鄭注也。禮記三年問云「夫三年之喪，天下之達喪也」，鄭玄云：「『達』謂自天子至於庶人。」注與彼同，唯改「喪」爲「禮」耳。云「使不肖企及，賢者俯從」者，案喪服四制曰「此喪之所以三年，賢者不得過，不肖者不得不及」，檀弓曰「先王制禮也，過之者俯而就之，不至焉者跂而及之也」，注引彼二文，欲舉中爲節也。起踵曰企，俛首曰俯。云「夫孝子有終身之憂，聖人以三年爲制」者，聖人雖以三年爲文，其實二十五月而畢，故三年問云「將(申夭)〔由夫〕修飾之君子與？〔一〇〕則三年之喪，二十五月而畢，若駟之過隙，然而遂之，則是無窮也。故先王焉爲之立中制節，壹使足以成文理則釋之矣」是也。喪服四制曰「始死，三日不怠，三月不解，期悲哀，三年憂，恩之殺也」，故孔子云：「子生三年，然後免於父母之懷。夫三年之喪，天下之達喪也。」所以喪必三年爲制也。

爲之棺椁、衣衾而舉之， 周尸爲棺，周棺爲椁。「衣」謂斂衣。衾，被也。「舉」謂舉尸内於棺也。**陳其簠簋而哀慼**

之，簠簋，祭器也。陳奠素器而不見親，故哀慼也。擗踴哭泣，哀以送之，男踴女擗，祖載送之。卜其宅兆而安措之，宅，墓穴也。兆，塋域也。葬事大，故卜之。爲之宗廟以鬼享之，立廟祔祖之後，則以鬼禮享之。春秋祭祀以時思之。寒暑變移，益用增感，以時祭祀，展其孝思也。

【疏】「爲之」至「思之」 此言送終之禮，及三年之後宗廟祭祀之事也。 言孝子送終，須爲棺槨、衣衾也，大斂之時則用衾而舉尸内於棺中也，陳設簠簋之奠而加哀慼，葬則男踴女擗，哭泣哀號以送之。 親既長依丘壟，故卜選宅兆之地而安置之。 既葬之後，則爲宗廟以鬼神之禮享之，三年之後感念於親，春秋祭祀以時思之也。

注「周尸」至「棺也」 云「周尸爲棺，周棺爲槨」者，此依鄭注也。 檀弓稱「葬也者藏也，藏也者欲人之弗得見也。是故衣足以飾身，棺周於衣，槨周於棺，土周於槨」，注約彼文，故言「周尸爲棺，周棺爲槨」也。 白虎通云：「棺之言完，宜完密也。 槨之言廓，謂開廓不使土侵棺也。」易繫辭曰：「古之葬者，厚衣之以薪，葬之中野，不封不樹，喪期無數，後世聖人易之以棺槨。」案禮記云：「有虞氏瓦棺，夏后氏堲周，殷人棺槨，周人牆置翣。」則虞、夏之時，棺槨之初也。 云「『衣』謂斂衣。 衾，被也。 『舉』謂舉尸内於棺也」者，此依孔傳也。 「衣」謂襲與大、小斂之衣也。「衾」謂單被覆尸，薦尸所用。 從初死至大斂凡三度加衣也，一是襲也，謂沐尸竟著衣也，天子十二稱、公九稱、諸侯七稱、大夫五稱、士三稱，襲皆有袍，袍之上又有衣一通，朝祭之服謂之一稱；二是小斂之衣也，天子至士皆十九稱，不復用袍，衣皆有絮也；三是大斂也，天子百二十稱、公九十稱、諸侯七十稱、大夫五十稱、士三十稱，衣皆襌袷也。 喪大記云「布紟二衾，君、大夫、士一也」，鄭玄云：「『二衾』者，或覆之，或薦之。」是舉尸所用也。 棺槨之數，貴賤不同。 皇侃據檀弓以天子之棺四重，謂水兕（蕢）〔革〕棺、〔一二〕杝棺一、梓棺二，最在内者水牛皮，次外兕牛皮，各厚三寸爲一重，合厚六寸。 又有杝棺，厚四寸，謂之椑棺，言漆之（椑椑）〔甓甓〕然。〔一三〕前三物爲二重，合一尺。 外又有梓棺，厚六寸，謂之屬棺，言連屬内外，就前四物爲三重，合厚一尺六寸。 外又有梓棺，厚八寸，謂之大棺，言其最大，在衆棺之外，就前五物爲四重，合厚二尺四寸也。上公去水牛皮，則三重，合厚二尺一寸也。侯、伯、子、男又去兕牛皮，則二重，合厚一尺八寸。上大夫又去椑棺，一重，合厚一尺四寸。下大夫亦一重，但屬〔棺〕四寸、大棺六寸，合厚一尺。士不重，無屬〔棺〕，唯大棺六寸。庶人(即)〔則〕棺四寸。案檀弓云「柏椁以端，長六尺」，又喪大記曰「君松椁，大夫柏椁，士雜木椁」是也。

注「簠簋」至「慼也」　〔云〕「簠簋，祭器也」者，周禮舍人職云「凡祭祀供簠簋，實之陳之」，是簠簋爲〔祭〕器也，故鄭玄云：「方曰簠，圓曰簋，盛黍稷稻粱器。」云「陳奠素器而不見親，故哀慼也」者，下檀弓云：「奠以素器，以生者有哀素之心也。」又案陳簠簋在「衣衾」之下、「哀以送之」上，舊説以爲大斂祭(是)〔時〕不見親，故哀慼也。

注「男踊」至「送之」　案問喪云：「在牀曰尸，在棺曰柩。動尸舉柩，哭踊無數。惻怛之心，痛疾之意，悲哀志懣氣盛，故(祖)〔袒〕而踊之。〔一三〕婦人不宜(祖)〔袒〕，故發胸、擊心、爵踊，殷殷田田，如壞牆然。」則是女質不宜極踊，故以「擗」言之。據此女既有踊，則男亦有擗，是互文也。云「祖載送之」者，案既夕禮柩車遷祖，質明設遷祖奠，日側徹之，乃載，鄭注云：「乃舉柩郤下而載之。」又云商祝飾柩及陳器訖，乃祖，注云：「還柩鄉外，爲行始。」又檀弓云「曾子弔於負夏，主人既祖」，鄭云：「『祖』謂移柩車去載處，爲行始。」然則祖，始也。以生人將行而飲酒曰「祖」，故柩車既載而設奠謂之「祖奠」，是「祖載送之」之義也。

注「宅墓」至「卜之」　云「宅，墓穴也。兆，塋域也」者，此依孔傳也。案士喪禮「筮宅」，鄭云：「宅，葬居也。」詩云「臨其穴，惴惴其慄」，鄭云：「『穴』謂冢壙中也。」故云「宅，墓穴也」。案周禮「冢人掌公墓之地，辨其兆域」，則「兆」是塋域也。云「葬事大，故(上)〔卜〕之」者，〔一四〕此依鄭注也。孔安國云「恐其下有伏石涌水泉，(復)〔後〕爲市朝之地，〔一五〕故卜之」是也。

注「立廟」至「享之」　「立廟」者，即禮記祭法天子至士皆有宗廟，云：「王立七廟，曰考廟、曰王考廟、曰皇考廟、曰顯考廟、曰祖考廟，皆月祭之。遠廟爲祧，有二祧，享嘗乃止。諸侯〔立〕五廟，〔一六〕曰考廟、曰王考廟、曰皇考廟，皆月祭之。顯考廟、祖考廟，享嘗乃止。大夫立三廟，曰考廟、曰王考廟、曰皇考廟，享嘗乃止。適士二廟，曰考廟、曰王考廟，享嘗乃止。官師一廟，曰考廟。庶人無廟。」斯則立宗廟者，爲能終於事親也。舊解云：宗，尊也；廟，貌也。言祭宗廟，見先祖之尊貌也，故祭義曰「祭之日，入室，僾然必有見乎其位；周還出户，〔肅然必有聞乎其容聲；出户而聽，〕愾然必有聞乎其歎息之聲」是也。「祔祖」謂以亡者之神祔之於祖也。檀弓曰：「卒哭曰『成事』。是日也，以吉祭易喪祭。明日，祔〔於〕祖父。」則是卒哭之明日而祔，未卒哭之前皆喪祭也，既祔之後則以鬼禮享之。然「宗廟」謂士以上，則「春秋祭祀」兼於庶人也。

注「寒暑」至「思也」　案祭義云：「霜露既降，君子履之必有悽愴之心，非其寒之謂也；春，雨露既濡，君子履之必有怵惕之心，如將見之。」是（之）〔也〕。〔一七〕

生事愛敬，死事哀感，生民之本盡矣，死生之義備矣，孝子之事親終矣。

「愛敬」、「哀感」，孝行之始終也。備陳死生之義，以盡孝子之情。

【疏】「生事」至「終矣」　此合結生死之義。言親生則孝子事之，盡於愛敬；親死則孝子事之，盡於哀感。生民之宗本盡矣，死〔生〕之義理備矣，〔一八〕孝子之事親終矣。言十八章具載有此義。

注「愛敬」至「之情」　云「『愛敬』、『哀感』，孝行之（終）始〔終〕也」者，〔一九〕「愛敬」是孝行之始也，「哀感」是孝行之終也。云「備陳死生之義，以盡孝子之情」者，言孝子之情無所不盡也。

校勘記

〔一〕故發此(事)〔章〕　阮云：「石臺本、岳本『事』作『章』，案正義曰：『説生事之禮已畢，其死事經則未見，故又發此章以言也。』此本作『事』非。」是，據改。

〔二〕哭不偯　古文石刻本同，釋文：「俗作『哀』，非，説文作『㤅』，云『痛聲也』，音同。」阮校引臧鏞堂説謂：「説文無『偯』字，依、偯形聲皆相近，故誤。『哀』爲『偯』之改，『偯』爲『依』之譌矣。」阮福云：「説文雖無『偯』字，然『偯』字見於經傳不止此一處，説文所引孝經當是衛宏傳許慎之真古文孝經。此『偯』字臧氏鏞堂謂爲『依』之譌，亦非也。蓋『偯』實有其字，所以禮記曾兩見，非獨見於孝經。」福説是。

〔三〕(蔬)〔疏〕食水飲　阮云：「石臺本、岳本、閩本、監本『蔬』作『疏』。」今按：正誤謂：「『疏』，毛本誤從草。」疏下文引嚴植之説亦作「疏」，據改。

〔四〕哀(戚)〔慼〕之情　阮云：「石臺本、宋熙寧石刻、岳本、鄭注本『戚』作『慼』，唐石經此處刓闕，證以下文『而哀慼之』、『死事哀慼』皆作『慼』，則此可知也。」是，據改。

〔五〕終畢之(終)〔限〕　阮云：「閩本、監本、毛本下『終』作『限』，不誤。」據改。

〔六〕(文)〔又〕曰　阮云：「閩本、監本、毛本作『又』，此本誤『文』。」據改。

〔七〕〔縗〕當心(麄)〔麤〕布　阮云：「監本、毛本『麄』作『麤』，是也。正義(今按：『義』當作『誤』)『當』上補『縗』字，是也。」據改、補。

〔八〕麻(爲)〔謂〕腰絰　阮云：「正誤云『爲』當『謂』字誤，是也。」據改。

〔九〕(位)定〔位〕初喪　阮云：「閩本、監本、毛本作『定位』，是也。」據改。

〔一〇〕(申夭)〔由夫〕修飾之君子　阮云：「閩本、監本、毛本『申夭』作『由夫』，是也。」今本禮記同，據改。

〔一一〕水兕〔蕢〕〔革〕棺　阮云：「閩本、監本、毛本作『革』，此本誤『蕢』，今改正。」是，據改。

〔一二〕言漆之〔椑椑〕〔甓甓〕然　阮云：「監本、毛本作『甓甓』。」今按：禮記檀弓上之正義謂「椑，柂棺也，漆之堅強甓甓然也」，則作「甓甓」是，據改。

〔一三〕〔祖〕〔袒〕而踴之　阮云：「閩本、監本、毛本『祖』作『袒』，是也。」據改（下文「婦人不宜〔祖〕〔袒〕」同）。

〔一四〕故〔上〕〔下〕之者　據注疏諸本及注改。

〔一五〕〔復〕〔後〕爲市朝之地　據太宰純本改。

〔一六〕諸侯〔立〕五廟　阮云：「正誤『五』上補『立』字，是也。」據補。

〔一七〕是〔之〕〔也〕　阮云：「閩本、監本、毛本『之』作『也』。」是，據改。

〔一八〕死〔生〕之義理備矣　阮云：「正誤『之』上補『生』字，是也。」據補。

〔一九〕孝行之〔終〕始〔終〕也者　阮云：「案當作『始終』。」是，據改。

御注孝經序

左散騎常侍兼麗正殿修國史上柱國武強縣開國公臣元行沖奉敕撰

大唐受命百有四年，皇帝君臨之十載也。赫矣皇業，康哉帝道；萬方宅心，四隩來塈。握黄炎堯禹之契，欽日月星辰之序。提衡而運陰陽，法繇而張禮樂。車服必軌，聲明偕度，所以振國容焉；儀宿賦班，詳韜授律，所以清邦禁焉。配圓穹而比崇，帀環海而方大。無文咸秩，能事斯畢。惟德是經，惟刑之恤。筌鏞穆頌，鱗羽暉禎。申耕籍以勸農，飾膠庠而訓胄。優勞庶績，緝熙睿圖。聽政之餘，從容文史。緹紬緗竹，岳仞銅龍之殿；舒向嚴枚，雲驤金馬之闥。或散志篇述，或留情墳誥。以爲孝者德之本，教之所由生。夫子談經，文該旨頤；諸家所説，理藹詞繁。爰命近臣，疇咨儒學。搜章摘句，究本尋源。煉康成、安國之言，銓王肅、韋昭之訓。近賢新注，咸入討論；分別異同，比量疏密。總編呈進，取正天心；每伺休間，必親披校。滌除氛薈，搴摭菁華。寸長無遺，片善必舉。或削以存要，或足以圓文。其有義疑兩存，理翳千古，常情所昧，玄鑒斯通，則獨運神襟，躬垂筆削，發明幽遠，剖析毫釐。目牛無全，示掌非著；累葉堅滯，一朝冰釋。乃敕宰臣曰：「朕以孝經德教之本也，自昔銓解，其徒實繁，竟不能覈其宗、明其奥，觀斯蕪漫，誠亦病諸。頃與侍臣參詳厥理，爲之訓注，冀闡微言，宜集學士、儒官僉議可否。」於是左散騎常侍崇文館學士劉子玄、國子司業李元瓘、著作郎弘文館學士胡皓、國子博士弘文館學士司馬貞、左拾遺太子侍讀潘元祚、前贊善大夫鄂王侍讀魏處鳳、太學博士郯王侍讀郄亨、太學博士陜王侍讀徐英哲、前千牛長史鄄王侍讀郭謙光、國子助教鄫王侍讀范行恭，及諸學官等，並鴻都碩德，當代名儒，咸集廟堂，恭尋聖義。捧對吟咀，探紬反覆，至於再至三，動色相歡，昌言稱美，曰：「大義堙鬱垂七百年，皇上識洞玄樞，情融繫表，革前儒必固之失，道先王至要之源。守章疏之常談，謂窮涯涘；覩蓬瀛之奧理，方諭高深。伏請頒傳，希新耳目。」侍中安陽縣男源乾曜、中書令河東縣男張嘉貞等奏曰：「天文昭焕，洞合幽微，望即施行，佇光來葉。其序及疏並委行沖修撰。」制曰：「可。」伏以經言簡約，妙理精深，貴賤同珍，賢愚共習，故得上施黌塾，遠被蒼垠。至若象尼丘山，壞孔子宅，美曾參至孝之性，陳宣父述作之由。漢、魏相沿，曾無異說；比經斟討，略不爲疑。凡諸發揮，序所作意，意既先見，今則不書。微臣朽老，猥職墳籀，思塗艱窒，才力昏無，震光曲臨，推謝理絶。晞大明而挹耀，顧霄燭而知慚。勉課庸音，式遵明制。敢題經旨，永贊鴻徽云爾。

*本篇據古逸叢書影刊覆卷子本唐開元御注孝經所載整理，文中個别訛字以徑改方式處理。

孝經正義序

孝經者，百行之宗，五教之要。自昔孔子述作，垂範將來，奥旨微言已備解乎注疏，尚以辭高旨遠，後學難盡詩論。今特剪截元疏，旁引諸書，分義錯經，會合歸趣，一依講説，次第解釋，號之爲講義也。

翰林侍講學士朝請大夫守國子祭酒上柱國賜紫金魚袋臣邢昺等奉勅校定注疏

＊此篇據泰定本卷首孝經注疏序前半篇整理。泰定本此文末之題名與另行起之「成都府學主鄉貢傅注奉右撰」之間不空行，而閩本則空一行，明「成都府學主鄉貢傅注奉右撰」當屬下半篇也。汲古閣本將兩篇分開，各冠「孝經注疏序」之題，殿本及阮福孝經義疏補因之，惟汲古閣本置題名於篇末，而殿本、義疏補則移置篇名次行。按此文當爲邢昺等新定孝經正義時所作，名爲「孝經注疏序」不妥，故改題焉。

重刊孝經注序

成都府學主鄉貢傳注奉右撰

夫孝經者，孔子之所述作也。述作之旨者，昔聖人藴大聖德，生不偶時，適值周室衰微，王綱失墜，君臣僭亂，禮樂崩頹，居上位者賞罰不行，居下位者褒貶無作。孔子遂乃定禮樂，删詩、書，讚易道以明道德仁義之源，修春秋以正君臣、父子之法。又慮雖知其法，未知其行，遂説孝經一十八章，以明君臣、父子之行所寄。知其法者修其行，知其行者謹其法，故孝經緯曰：「孔子云：『欲觀我褒貶諸侯之志在春秋，崇人倫之行在孝經。』」是知孝經雖居六籍之外，乃與春秋爲表矣。先儒或云夫子爲曾參所説，此未盡其指歸也。蓋曾子在七十弟子中孝行最著，孔子乃假立曾子爲請益問答之人，以廣明孝道，既説之後乃屬與曾子。洎遭暴秦焚書，並爲煨燼，漢膺天命，復闡微言，孝經河間顔芝所藏，因始傳之於世。自西漢及魏，歷晉、宋、齊、梁，注解之者迨及百家。至有唐之初，雖備存秘府，而簡編多有殘缺，傳行者唯孔安國、鄭康成兩家之注，並有梁博士皇侃義疏播於國序。然辭多紕繆，理昧精研。至唐玄宗朝，乃詔群儒學官，俾(其)〔共〕集議，〔一〕是以劉子玄辨鄭注有十謬七惑，司馬堅斥孔注多鄙俚不經，其餘諸家注解皆榮華其言，妄生穿鑿。明皇遂於先儒注中採摭菁英，芟去煩亂，撮其義理允當者，用爲注解。至天寶二年注成，頒行天下，仍自八分御(扎)〔札〕，〔二〕勒于石碑，即今京兆石臺孝經是也。

＊此篇據泰定本卷首孝經注疏序後半篇整理。汲古閣本、殿本及阮福孝經義疏補將此篇分出，仍弁以「孝經注疏序」之題。今按：分出誠是，篇名仍舊則非。細讀此篇，敘述至玄宗御注孝經止，不及宋初新定正義，且撰序者身份不侔，顯非當時所作。朱彝尊經義考卷二二四將此序著録爲「孫奭序」，並加按稱「孫奭序或作『成都府學主鄉貢傅注奉右撰』」，不知何據。蓋此篇爲宋初蜀地重刻玄宗孝經注之序（文中「司馬貞」作「司馬堅」，乃避仁宗諱改字），南宋合刻注疏時將此本與正義單疏本合併，故存其序於卷首耳。今據此改題篇名。

〔一〕俾（其）〔共〕集議　據唐順之荆川稗編卷二三引改。

〔二〕八分御（扎）〔札〕　阮云：「閩本、監本、毛本『扎』作『札』，是也。」據改。

四庫全書總目孝經注疏提要

孝經正義三卷內府藏本

唐元宗明皇帝御注，宋邢昺疏。案唐會要：開元十年六月上注孝經，頒天下及國子學；天寶二年二月上重注，亦頒天下。舊唐書經籍志：孝經一卷，元宗注。唐書藝文志：今上孝經制旨一卷，注曰元宗。其稱「制旨」者，猶梁武帝中庸義之稱「制旨」，實一書也。趙明誠金石録載明皇注孝經四卷，陳振孫書録解題亦稱家有此刻，爲四大軸。蓋天寶四載九月以御注刻石於太學，謂之「石臺孝經」，今尚存西安府學中，爲碑凡四，故拓本稱四卷耳。元宗御製序末稱「一章之中凡有數句，一句之内義有兼明，具載則文繁，略之則義闕，今存於疏，用廣發揮」，唐書元行沖傳稱「元宗自注孝經，詔行沖爲疏，立於學官」，唐會要又載天寶五載詔「孝經書疏雖粗發明，未能該備，今更敷暢以廣闕文，令集賢院寫頒中外」，是注凡再修，疏亦再修。其疏，唐志作二卷，宋志則作三卷，殆續增一卷歟？宋咸平中邢昺所修之疏，即據行沖書爲藍本，然孰爲舊文，孰爲新説，今已不可辨别矣。孝經有今文、古文二本，今文稱鄭元注，其説傳自荀昶，而鄭志不載其名。古文稱孔安國注，其書出自劉炫，而隋書已言其僞。至唐開元七年三月詔令群儒質定，右庶子劉知幾主古文，立十二驗以駁鄭；國子祭酒司馬貞主今文，摘閨門章文句凡鄙，庶人章割製舊文，妄加「子曰」字，及句中「脱衣就功」諸語以駁孔，其文具載唐會要中。厥後今文行而古文廢，元熊禾作董鼎孝經大義序遂謂貞去閨門一章，「卒啓元宗無禮無度之禍」。明孫本作孝經辨疑併謂唐宮闈不肅，貞削閨門一章乃爲國諱。夫削閨門一章遂啓幸蜀之釁，使當時行用古文，果無天寶之亂乎？唐宫闈不肅誠有之，至於閨門章二十四字則絶與武、韋不相涉，指爲避諱，不知所避何諱也？況知幾與貞兩議並上，會要載當時之詔乃「鄭依舊行用」，孔注「傳習者稀」，亦「存繼絶之典」，是未因知幾而廢鄭，亦未因貞而廢孔。迨時閲三年，乃有御注太學刻石，署名者三十六人，貞不預列。御注既行，孔、鄭兩家遂併廢，亦未聞貞更建議廢孔也。禾等徒以朱子刊誤偶用古文，遂以不用古文爲大罪，又不能知唐時典故，徒聞中興書目有「議者排毁，古文遂廢」之語，遂沿其誤説，憒憒然歸罪於貞，不知以注而論，則孔佚鄭亦佚，孔佚罪貞，鄭佚又罪誰乎？以經而論，則鄭存孔亦存，古文並未因貞一議亡也，貞又何罪焉？今詳考源流，明今文之立，自元宗此注始；元宗此注之立，自宋詔邢昺等修此疏始。衆説喧呶，皆揣摩影響之談，置之不論不議可矣。

＊此篇據影印本文淵閣四庫全書附印刊本四庫全書總目卷三二整理。按：提要著録「孝經正義三卷」者非單疏本，即注疏九卷本也，文淵閣鈔本書名作「孝經注疏」，爲九卷，而鈔録之提要仍作「孝經正義三卷」，未予更正，蓋官書之疏漏通病也。又按：提要謂制旨與御注「實一書也」大誤，阮福（孝經義疏補卷首）、胡玉縉（四庫全書總目提要補正卷七）、余嘉錫（四庫提要辨證卷一）等皆力辟其非。

孝經注疏校勘記序

孝經有古文、有今文，有鄭注、有孔注。孔注今不傳，近出於日本國者誕妄不可據，要之，孔注即存，不過如尚書之僞傳，決非真也。鄭注之僞，唐劉知幾辨之甚詳，而其書久不存，近日本國又撰一本流入中國，此僞中之僞，尤不可據者。孝經注之立于學官者，係唐元宗御注，唐以前諸儒之説，因藉捃摭以僅存，而當時元行沖義疏經宋邢昺删改，亦尚未失其真，學者舍是固無由窺孝經之門徑也。惟其譌字實繁，元舊有校本，因更屬錢塘監生嚴杰旁披各本並文苑英華、唐會要諸書，或讎或校，務求其是，元復親酌定之，爲孝經校勘記三卷、釋文校勘記一卷。阮元記。

引據各本目録

唐石臺孝經四軸 顧炎武金石文字記云：「石刻孝經今在西安府儒學前，第一行題曰『御製序並注及書』，其下小字曰『皇太子臣亨奉勅題額』，後有天寶四載九月一日銀青光禄大夫國子祭酒上柱國臣李齊古上表，及元宗御批大字草書三十八字，其下有特進行尚書左僕射兼右相吏部尚書集賢院學士修國史上柱國晉國公臣林甫等四十五人，惟林甫以左僕射不書姓。經序注俱八分書，其額曰『大唐開元天寶聖文神武皇帝注孝經臺』，中間人名下攙入『丁酉歲八月廿六日紀』九字，是後人所添，是歲乙酉非丁酉也。又末二行官銜下不書臣，亦可疑。」

唐石經孝經一卷

宋熙寧石刻孝經一卷是本張南軒所書。不分章，每行十一字，末題「熙寧壬子八月壬寅書付姪慥收， 時寓邵之廢寺， 居東齋。南軒題」。

南宋相臺本孝經一卷宋岳珂刊。每半葉八行，行十七字，注文雙行，附音釋，卷末有木刻亞形篆書「相臺岳氏刻梓荆谿家塾」印。

正德本孝經注疏九卷是本刊於明正德六年。每半葉十行，行十七字，注疏每格雙行， 行廿三字。經文下載注不標「注」字，正義冠大「疏」字于上，每葉之末上題篇識，皆元泰定間刊本舊式。錯字甚多，今校正義無別本可據，記中所稱「此本」者即據此刻而言。

閔本孝經注疏九卷明嘉靖閩中御史李元陽刻。分卷同正德本，每半葉九行，每章首行廿一字，餘低一格，每行二十字，注同正義雙行，每行亦二十字， 詳春秋左傳注疏校勘記。〔一〕

重修監本孝經注疏九卷明萬曆十四年刊。分卷同正德本，詳春秋左傳注疏校勘記。〔二〕

毛本孝經注疏九卷明崇禎已巳常熟汲古閣毛晉刊。 分卷同正德本，詳春秋左傳注疏校勘記。〔三〕

*此篇據中華書局影印阮元校刻本十三經注疏整理。

〔一〕 春秋左傳注疏校勘記中有關内容如下：「以注文改作中號字冠『注』字于上始于李氏，非宋板舊式。 其佳處多與附釋音本相合，有監本、毛本脱錯而此本不誤，較監、毛爲優云。」

〔二〕春秋左傳注疏校勘記中有關内容如下：「譌字較原本爲多，記中所引凡與原本同者則總稱『監本』，其異者則稱『重修監本』。」

〔三〕春秋左傳注疏校勘記中有關内容如下：「此本世所通行，而亥豕之譌觸處有之。」